主编 欧阳自远

嫦娥书系

神箭凌霄
长征系列火箭的发展历程

陈闽慷 茹家欣 著

上海科技教育出版社

嫦娥书系

主　编　欧阳自远

副主编　卞毓麟　邹永廖

编　委　(以姓氏笔画为序)

王世杰　王家骥　卞毓麟　李必光

陈闽慷　张　焘　邹永廖　欧阳自远

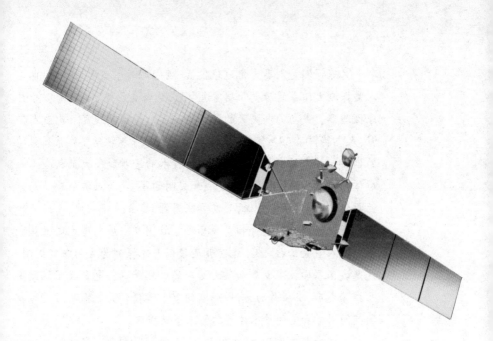

主编的话

　　21世纪是人类全面探测太阳系的新时代。当代的太阳系探测以探测月球与火星为主线，兼顾其他行星、矮行星、卫星、小行星、彗星和太阳的探测；研究内容涉及太阳系的起源与演化，各行星形成和演化的共性与特性，地月系统的诞生过程与相互作用，生命的起源与生存环境，太阳活动与空间天气预报，防御小天体撞击地球及由此诱发的气候、生态的环境灾变，评估月球与火星的开发前景，探寻人类移民地外天体的条件等重大问题。

　　月球是地球唯一的天然卫星，是离地球最近的天体。自古以来，她寄托着人类的美好愿望和浪漫遐想，见证着人类发展的艰难步伐，引出了许多神话传说与科学假说。月球也一直是人类密切关注和经常观测的天体，月球运动和月相的变化不仅对人类的生产活动发挥了重大作用，还对人类科学技术的发展和文明进步产生了广泛而深刻的影响。

月球探测是人类走出地球摇篮，迈向浩瀚宇宙的第一步，也是人类探测太阳系的历史开端。迄今为止，人类已经发射110多个月球探测器，成功的和失败的约各占一半。美国实现了6次载人登月，人类获得了382千克的月球样品。月球探测推动了一系列科学的创新与技术的突破，引领了高新技术的进步和一大批新型工业群体的建立，推进了经济的发展和文明的昌盛，为人类创造了无穷的福祉。当前，探索月球，开发月球资源，建立月球基地，已成为世界航天活动的必然趋势和竞争热点。我国在发展人造地球卫星和实施载人航天工程之后，适时开展了以月球探测为主的深空探测。这是我国科学技术发展和航天活动的必然选择，也是我国航天事业持续发展，有所作为、有所创新的重大举措。月球探测将成为我国空间科学和空间技术发展的第三个里程碑。

中国的月球探测，首先经历了35年的跟踪研究与积累。通过系统调研苏、美两国月球探测的进展，综合分析深空探测的技术进步与月球和行星科学的研究成果，适时总结与展望深空探测的走向与发展趋势。在此基础上，又经历了长达10年的科学目标与工程实现的综合论证，提出我国月球探测的发展战略与远景规划，系统论证首次绕月探测的科学目标、工程目标和工程立项实施方案。2004年初，中央批准月球探测一期工程——绕月探测工程立项实施。继而，月球探测二、三期工程列入《国家中长期科学和技术发展规划纲要(2006~2020年)》的重大专项开展论证和组织实施。中国的月球探测计划已正式命名为"嫦娥工程"，它经历了2004年的启动年、2005年的攻坚年和2006年的决战年，攻克了各项关键技术，建立了运载、卫星、测控、发射场和地面应用五大系统，进入了集成、联调、试运行和正样交付出厂，整个工程按照高标准、高质量和高效率的要求，为2007年决胜年的首发成功，打下了坚实的基础。

中国的"嫦娥一号"月球探测卫星，为实现中华民族的千年凤愿,即将飞出地球,奔赴广寒,对月球进行全球性、整体性与系统性的科学探测。为了使广大公众比较系统地了解当今空间探测的进展态势和月球探测的历程,人类对月球世界的认识和月球的开发利用前景,中国"嫦娥工程"的背景、目标、实施过程和重大意义,上海科技教育出版社在三年前提出了编辑出版《嫦娥书系》的创意和方案,与编委会共同精心策划了《逐鹿太空》、《蟾宫览胜》、《神箭凌霄》、《翱翔九天》、《嫦娥奔月》和《超越广寒》六本科普著作,构成一套结构完整的"嫦娥书系"。该书系的主要特点是:

(1) 我们邀请的作者大多是"嫦娥工程"相关领域的骨干专家,他们科学基础坚实,工程经验丰富,亲身体验真切,文字表述清晰。他们在繁忙紧张的工程任务中,怀着强烈的责任感,挤出时间,严肃认真,精益求精,一丝不苟,广征博引,撰写书稿。我真诚地感激作者们的辛勤劳动。

(2) "嫦娥书系"是由六本既各自独立又互有内在联系的科普著作构成的有机整体。其中《逐鹿太空——航天技术的崛起与今日态势》,系统讲述人类航天的艰难征途与发展,航天先驱们可歌可泣的感人故事;《蟾宫览胜——人类认识的月球世界》,系统描述人类认识月球的艰辛历程,由表及里揭示月球的真实面目,追索月球的诞生过程;《神箭凌霄——长征系列火箭的发展历程》,系统追忆中国长征系列火箭的成长过程并展示未来的美好前景,是一首中国"神箭"的赞歌;《翱翔九天——从人造卫星到月球探测器》,系统叙述中国各种功能航天器和月球探测器的发展沿革,展望未来月球探测、载人登月与月球基地建设的科学蓝图;《嫦娥奔月——中国的探月方略及其实施》,系统分析当代国际"重返月球"的形势,论述中国月球探测的意义、背景、方略、目标、特色和进程,是当代中国"嫦娥奔月"的真实史诗;《超越广寒——月球开发的迷人前景》,是一支开发利用月球的科学畅想曲,展现了人类和平利用空间的雄心壮志与迷人前景。

（3）"嫦娥书系"力求内容充实、论述系统、图文并茂、通俗易懂，融知识性、可读性、趣味性与观赏性于一体。

（4）"嫦娥书系"无论在事件的描述上还是在人物的刻画上，都力求真实而丰满地再现当代"嫦娥"科技工作者为发展我国航天事业而奋斗、拼搏、奉献的精神和事迹，书中还援引了他们用智慧和汗水凝练的研究成果、学术观点和图片资料。特别值得一提的是，书系在写作过程中还得到了他们的指导、帮助、支持与关心。虽然"嫦娥书系"作为科普读物，难以专辟章节一一列举他们的名字，书写他们的贡献，我还是要在此代表编辑委员会和全体作者对他们表示衷心的感谢和深深的敬意。

在这里我要特别感谢上海科技教育出版社精心的文字编辑和装帧设计，使"嫦娥书系"以内容丰富、版面新颖、图文并茂的面貌呈献给读者。我们相信，通过这一书系，读者将会对人类的航天活动与中国的"嫦娥工程"有更加完整而清晰的认识。

欧阳自远

二〇〇七年十月八日于北京

目　录

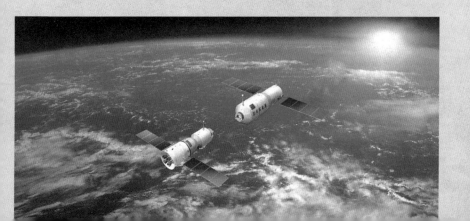

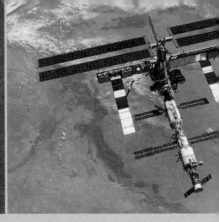

嫦娥书系 ● **神箭凌霄** 长征系列火箭的发展历程

第一章　写在前面

长征和"长征"火箭

　　故事要从 1934 年 10 月，中央红军在反国民党的第五次"围剿"中失利说起。第五次反"围剿"失败后，中央红军被迫退出革命根据地，北上长征。可是，在长征初期，当时的中共中央领导人又犯了退却中的逃跑主义错误，结果连续被动挨打，当红军渡过湘江时，已由原来的 8 万人锐减到 3 万余人，损失极为惨重。在这紧要关头，毛泽东提出向敌人力量薄弱的地方进军。1935 年 1 月 15 日，遵义会议召开。这次会议否定了以往统治全党的左倾冒险主义路线，确定了以毛泽东为代表的新的党中央。从此，为了建立新的革命根据地，红军四渡赤水，飞夺泸定桥(图 1-1)，强渡大渡河，爬雪山，过草地……直至 1935 年 10 月，红一方面军终于胜利到达陕甘革命根据

图 1-1　红军长征中的光辉战例——飞夺泸定桥

7

地,与红十五军团胜利会师。1936年10月,红四方面军在甘肃会宁与红一方面军会师,不久,红二方面军也胜利到达陕北。举世瞩目的二万五千里长征,是中国革命转危为安的关键。从此红军走出了困境,走向了新的革命历程。

　　长征是我们党和中国革命历尽艰辛、走向胜利的奋斗过程,它是中国漫漫历史长河中举足轻重的一个关键事件。同时,"长征"又是新中国成立后,科技事业蓬勃发展,航天工业欣欣向荣的一个代名词。中国自力更生、艰苦奋斗、自主研制的运载火箭就是用"长征"

图1-2　"长征"火箭家族。CZ是"长征"两字汉语拼音的声母,用作"长征"火箭的i

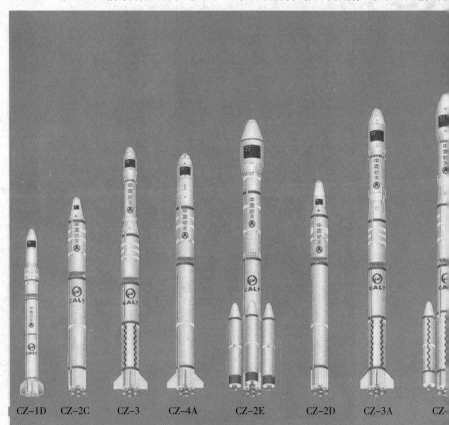

CZ-1D　CZ-2C　CZ-3　CZ-4A　　CZ-2E　　CZ-2D　CZ-3A　　CZ

命名的,很多人,包括很多国外的航天专家,一提到"长征"都会竖起大拇指,赞叹地说:"中国的'长征'火箭是这个!"。

　　目前,中国"长征"火箭已发展成一个"大家族",这个家族的合影见图 1-2。

　　"长征"火箭家族,包括从最早研制成功,发射中国第一颗人造卫星"东方红一号"的"长征一号"火箭,到多次投入国内外发射市场的"长征二号丙"、"长征二号捆"和"长征三号甲"系列火箭,到已两次实现载人航天,将三位中国航天员送入太空的"长征二号 F"火箭,还有"长征四号"火箭等,运载能力从 300 千克到近 9000 千克,发射的轨道从对地观测的低地球轨道、太阳同步轨道,到地球同步转移轨道,入轨速度从 7800 米/秒到 10 320 米/秒。但是,"长征"火箭的发展决不是一帆风顺的,它有成功也有失败,是通过艰苦创业,突破一个一个技术难关,一步一步走过来的,实践证明它无愧于"长征"的名字,它的发展过程就是新的"长征"。

3B　　CZ-2C/SM　　CZ-2F

中国航天的摇篮

　　新中国成立之初,党和国家就把国防科学技术的发展作为重大议题。1949 年年底,中国科学院宣告成立。后来,周恩来总理在对制订第一个科学技术发展规划的同志讲话时,就曾经一连用了"最先进、尽可能、最短缺、最急需"多个极限性质的形容词,

图1-3　1956年2月毛泽东主席接见著名火箭专家钱学森

可以想象当时中国对发展科学技术的迫切需要。不久,中华人民共和国中央人民政府又发出了"向科学进军"的伟大号召。

在伟大祖国的感召下,1955年秋天,钱学森偕夫人蒋英乘坐"克利夫兰总统号"轮船,穿越太平洋回到祖国。钱学森在美国从事的是火箭技术研究工作,在他提出希望回国的意愿时,美国有人声言宁愿枪毙他,也不能放他回国,并把钱学森的价值和美军的4个整编师相提并论。现在看来,这个中国人相当于美军4个整编师实在是被大大低估了。

钱学森回到祖国后,在周恩来总理的鼓励下,于1956年2月17日,向党中央、国务院报送了"建立中国国防航空工业的意见书",从组织领导、科学研究、设计生产等方面,提出了对发展中国航空和导弹技术的建议(图1-3)。不久中央听取了钱学森关于中国发展导弹技术的规划设想,决定在国务院成立航空工业委员会,统一领导中国的飞机和火箭研究工作,并委任聂荣臻为航空工业委员会主任,从此新中国的航天事业开始起步了。

为了加快发展中国的导弹和航天事业,中央委派钱学森负责中国第一个火箭和导弹研究院——国防部第五研究院的组建工作。在钱学森回归祖国周年的日子,1956 年 10 月 8 日,聂荣臻元帅受中央委托,主持五院成立仪式,宣布了"以自力更生为主,力争外援和利用资本主义国家已有的科学成果"的建院方针,由钱学森任院长,刘有光为政委。后来,国防部第五研究院被航天人叫做"老五院"。老五院成立时,从新毕业的大学生中挑选了 156 人。不久,又从全国高等院校和其他研究院所抽调部分专家,以充实老五院的研究人员队伍。另外,中央又从部队和机关挑选了部分干部,负责行政管理和政治思想工作(图 1-4)。

老五院刚成立时,大部分同志甚至连运载火箭的名字都没有听说过,从全国各地调来的专家,大部分也都是搞航空的,接触过飞机,最多搞过没有控制的火箭弹。钱学森院长就给老五院的"新"同志们上火箭扫盲课——"导弹概论",讲授了什么是运载火箭、什么是导弹,使许多不知导弹和火箭为何物的同志茅塞顿开。

后来,在中央的正确领导和全国人民的大力支持下,在钱学森的主持下,中国的导弹和运载火箭从无到有,并且发展出全系列的导弹和运载工具,五院也成为中国航天事业的摇篮。今天,在中国运

图 1-4 国防部五院一分院旧址——地处北京市长辛店的马列学院二分院

载火箭技术研究院的大门口,人们可以看到一尊铜像——钱学森走出大门的情景,这是所有后人对老五院的怀念,对钱老的崇敬,也象征着钱老带领中国的航天人走上了世界的航天舞台(图1-5)。

"长征"火箭的由来

这是一个神秘的话题,和国外很多运载火箭一样,中国的运载火箭最早也是由远程战略导弹改进、发展而来的,从一开始就被蒙上高度机密的面纱。1956年,国防部第五研究院成立后,立即在钱学森院长的带领下,展开了地地弹道导弹的相关研究工作。那时候研究人员是军人,或是从学校直接调拨来的学员,大家都身着军装。刚刚从学校毕业或者还没有毕业的同学们被告知:"你们将从事一项关系重大而神秘的工作。"得知自己要从事中国的导弹研制工作后,他们非常兴奋,但是为了保守国家秘密,却不能说出去,甚至在自己写的家信里也不能提到导弹研制工作的半个字。是啊,他们从事的是一项极端机密的工作,是研制中国自己的各种类型的导弹(图1-6)!

最初的10年,是导弹研究工作红红火火发展的10年。在中央的关怀和全国人民的鼓舞下,在全国工业部门的大力支持下,中国研制试验成功了多种

图 1-5　钱老向我们走来

图1-6 "老五院"新入院参军学员合影

图1-7 科技人员利用手摇计算机攻克技术难关

型号的弹道导弹。1958年5月17日，在中国共产党八大二次会议上，毛泽东主席激动地向参加会议的同志们说"我们也要搞人造卫星"，从而向全世界表明了中国发展航天技术，向宇宙空间进军的决心。到1965年，以中远程弹道导弹"东风四号"为基础，中国的运载火箭研制工作也全面展开了(图1-7)。

1966年5月，钱学森、王秉璋会同当时的国防科学工业委员会的罗舜初，中国科学院负责人张劲夫、裴丽生等，研究确定中国的第

图 1-8　中国运载火箭技术研究院院庆的欢乐情景

一颗人造地球卫星的名字。当时的命名带有极浓的时代色彩,这颗人造地球卫星被命名为"东方红一号",用来发射"东方红一号"卫星的运载火箭,被命名为"长征一号"。从那时候开始,中国的运载火箭就有了"长征"这个响亮的名字。图 1-8 是中国运载火箭技术研究院院庆的欢乐情景。

　　中文里"长征"的汉语拼音是"changzheng"。我们经常在一些报刊中看到用 CZ-X 作为火箭的代号,就是来源于汉语"长征"两字拼音的两个声母的缩写;还有些文章中,特别是在一些国外的文章中也能看到"LM-X"的表示方法,这是英文"Long March"(长征)的两个首字母。

第二章　我国的第一枚运载火箭

速度和高度

1956年10月,国防部第五研究院成立后,在中央的关怀和全国人民的鼓舞下,在全国工业部门的大力支持下,历经十年艰辛创业,仿制成功了"东风一号"近程导弹,独立研制成功了"东风二号"中近程导弹。1966年10月27日,在周恩来总理"严肃认真,周到细致,稳妥可靠,万无一失"指示精神的指导下,在聂荣臻元帅亲自指挥下,中国航天人再接再厉,又成功进行了原子弹和导弹两弹结合的飞行试验,导弹精确命中目标,实现了核爆炸(图2-1)。

这些研究成果,为中国独立研制发射卫星的运载火箭闯出了一

图 2-1　人民日报号外 "我国发射导弹核武器试验成功"

条成功的路。但是,火箭要把卫星送入围绕地球运行的轨道,在发动机熄火、火箭与卫星分离前,其速度不能小于7500米/秒,飞行高度也不能低于180千米,否则卫星将在地球引力和大气阻力的作用下,很快进入稠密大气层,因与大气产生剧烈摩擦而烧毁。而"东风二号"在推进剂燃烧完毕发动机熄火时,飞行速度才达到3000米/秒左右,飞行高度也不超过90千米,距离发射卫星对运载火箭的要求还差得很远。因此,可以说"东风二号"火箭的研制成功,不过是万里长征走了第一步,要研制出能成功发射卫星的运载火箭,我们还有很长的路要走(图2–2)。核心是想方设法提高火箭飞行的速度和高度,使其达到发射卫星的要求。

要提高火箭飞行的速度和高度,第一个办法就是增加火箭所装填的推进剂,减轻火箭的结构质量。从"东风一号"到"东风二号",我们就采用了这个办法。但是,增加火箭推进剂装填量就要加大装填推进剂的箱子,火箭的结构质量将会增加。在暂时找不到比铝合金更轻的结构材料的情况下,要减轻火箭的结构质量是困难的,只有

图2–2 聂荣臻(右二)和钱学森(右一)
观看"东风二号甲"导弹飞行

大大增加火箭的推进剂加注量。但是,推进剂加多了,火箭起飞时的质量也会随之增加,要想火箭飞起来,就得有更大推力的发动机,或者增加发动机的台数。

要提高火箭飞行的速度和高度, 第二个办法是选用高能推进剂。现在的运载火箭大多数使用的是化学推进剂,由发动机将燃烧剂和氧化剂两种推进剂燃烧释放出的化学能转化为推力。单位质量推进剂燃烧后释放出的化学能越多,转化成的推力越大。这个单位质量推进剂燃烧后转化成的推力称为发动机比推力,或叫"比冲",也就是它推动单位质量物体、使其速度改变的每秒米数,因此单位为米/秒。可以通过选用高能推进剂,研制新型发动机,来提高发动机的比冲,使同样多的推进剂发挥出更大的效能,从而提高火箭飞行的速度和高度。

要提高火箭飞行的速度和高度, 第三个办法是增加火箭的级数,就是将同样多的推进剂分装在几个小一点的火箭中,将它们串联起来,叫它们"接力赛跑"。第一级火箭推进剂燃烧完后,立即点燃第二级火箭,扔掉无用的第一级火箭继续往前"跑",依次类推,直至最后一级火箭推进剂燃烧完。由于在飞行中能够及时扔掉无用的结构,所以相当于减轻了火箭的结构质量,使火箭可以获得更大的速度,爬升到更高的高度。如果还不能满足卫星入轨高度的要求,火箭还可以采用级间滑行的办法,提高入轨高度。即火箭上面一级在与下面一级分离后,不立即点火,而是利用已经获得的速度,先靠惯性无动力向上滑行一段时间,以提高火箭的飞行高度。

中国第一个运载火箭"长征一号"就是使用上面介绍的方法,提高了飞行的速度和高度,达到了发射"东方红一号"卫星的要求。

偏二甲肼加硝酸推进剂

"东风二号"火箭使用的是液体氧加酒精推进剂。其中,酒精存放问题不大,而液体氧的沸腾温度为-183℃,属低温推进剂,在地面加入火箭后,好像水在近200℃的烘烤下,不几天就蒸发完了。即使采取保温措施,也不能长期存放,不能满足导弹加注完推进剂后长期贮存的要求;同时"东风二号"火箭使用的发动机,比冲也比较低,不足2200米/秒。负责火箭推进剂研究试验的工程技术人员,为了提高推进剂的效能,数年来一直在从事着艰苦的研究和试验工作(图2-3)。经过广泛的调查和长时间的试验研究,他们提出了采用偏二甲肼作燃烧剂,硝酸作氧化剂的建议,这种推进剂不仅比冲比"东风二号"火箭使用的液体氧加酒精高,而且可以在常温下贮存。

但是,偏二甲肼加硝酸推进剂不能直接用于"东风二号"和"东风二号甲"的火箭发动机,就像我们家里做饭使用的燃气灶,烧罐装煤气的就不能直接用于烧管道天然气一样。因此,要使用偏二甲肼加硝酸推进剂,首先需要研制使用偏二甲肼加硝酸推进剂的火箭发动机,这对我们是一个新课题。另外,偏二甲肼有强烈毒性,而硝酸有很强的腐蚀性,为了使用它们还需要解决一系列贮存和安全的问题。不过,这些问题难不倒立志发展我国航天事业的航天人。还不到

图2-3 工程技术人员正在认真研究如何提高推进剂的效能

图 2-4 航天人为提高火箭技术性能而精雕细琢

两年,在通过一系列试验解决了发动机不稳定燃烧的问题后,使用偏二甲肼加硝酸推进剂的火箭发动机就研制成功了,每台推力255千牛,可以提供新型火箭使用。但由于是第一次研究设计新型发动机,缺少经验,同时各项生产试验的条件也不具备,发动机的推力还是小了点。

四台发动机并联

为了增加火箭推进剂的装填量,需要增加火箭发动机的推力(图 2-4),而新研制成功的偏二甲肼加硝酸推进剂发动机推力才255千牛,怎么办?年轻的航天人提出了4台发动机并联的方案,解决了4台发动机并联同步协调工作中存在的问题,使火箭发动机总推力达到了1020千牛。另外,为了增加火箭推进剂的装填量,也为提供4台发动机并联安装的空间,在攻克了大直径箱底拼焊的技术难关后,火箭的直径也从1.65米增加到2.25米,这使同样长度的火箭贮箱,推进剂的装填量增加了1.86倍。4台发动机安装在火箭尾部以纵向轴线为中心的"十"字形上,这种安装方式称为"十"字形安装。

为了控制火箭的运动,需要改变发动机推力的方向。为此采用的方法,仍然沿用"东风二号"的燃气舵方案。燃气舵有4个,"十"字形的每个分岔上发动机喷口内靠火箭外边一侧各放一个,左右2个控制火箭抬头或低头,上下2个控制火箭左右摇摆,它们就像大轮船的舵,不过大轮船的舵是放在水里,而燃气舵是放在发动机喷口的高温燃气里,它一摆动就会改变燃气的喷射方向,从而改变发动机推力的方向。为防止发动机高温燃气把它烧坏,燃气舵是用不怕高温燃气烧蚀的石墨做成的。以这些技术为基础,第一代航天人自行设计生产了我国的第二枚中程液体弹道导弹。这为研制"长征一号"打下了牢固的基础,它就是火箭一级的雏形。

高空点火和级间分离

使用偏二甲肼加硝酸推进剂的中程液体弹道导弹研制成功,火箭就有了第一级。为了进一步提高火箭的技术性能,需要增加第二级,这需要研制在高空工作的发动机,突破发动机高空点火技术和级间分离技术。为了减少研制难度,加快研制进度,决定将推力255千牛的一级发动机改装为高空发动机。这可以利用原有发动机的基本技术和部件,只需将发动机的喷管加长,变成高空喷管,同时解决高空点火问题就可以了。

为了将一级发动机改装为高空发动机,首先要扩大发动机喷管出口的最大面积与其喉部最小面积的比,以发挥发动机在高空工作的效能,即提高发动机的比冲。为此研制了玻璃钢喷管延伸段,将原发动机的喷管加以延伸扩大。又在发动机最细的喉部加上堵盖,创造与地面相同的点火环境,解决高空点火问题。另外,为解决在地面模拟高空环境进行发动机试车的问题,又设计了一个抽空扩散试验舱,利用发动机喷焰喷射抽空作用,在试验舱内形成高空低气压环境,进行了发动机高空试车。经过多次改进设计和地面试车(图2-5),二级发动机很快就研制成功了,高空推力达到290千牛,完全满足

图 2-5　全力以赴,刻苦攻关

火箭二级对发动机推力的要求。

　　火箭二级与一级分离决定采用热分离方案,即在一级推进剂燃烧完毕关机前,二级发动机就点火,在一、二级分离后,靠二级发动机的喷焰将不用的一级推开。为了避免二级发动机的喷焰喷在一级前箱上,烧穿一级箱体,在一级前箱的上箱底上,盖了一层玻璃钢隔热层;为了保证二级发动机喷焰从火箭两级之间尽快排出,火箭两级间的级间段采用了斜拉金属杆连接方式,中间保留了很大的空隙。与此同时仍然采用放在发动机喷口高温喷焰里的 4 个燃气舵来改变推力的方向,以控制火箭二级的运动。

　　以新研制成功的使用偏二甲肼加硝酸推进剂的一级导弹为基础,加上新设计的二级,形成了一个新型二级中远程导弹,这就是"东风四号"(图 2-6)。

　　1969 年 11 月 16 日,"东风四号"进行首次飞行试验,由于控制指令出现故障,飞行中第一级发动机未关机,第二级未点火,火箭

图 2-6　"东风四号"在试运转

一、二级未分离,造成飞行试验失败,其主要原因在于设备生产质量问题。后来采取提高可靠性的措施,又增加一级最迟关机的控制信号,以确保火箭一级发动机关机,接着正常执行二级点火,一、二级分离等一系列动作。此后,1970 年 1 月 30 日,"东风四号"在酒泉发射基地发射,飞行试验成功,两级分离正常。但是,1970 年 11 月 23日,转至另外一个发射场发射时,又因计算装置方面的问题,出现了第一级发动机不能关机,第二级不能点火,火箭一、二级不能分离的故障,导弹在空中自毁。周恩来总理当即指示:"要总结经验,再接再厉,争取下次打好。"一年后,第二次发射终于取得了成功。

"东风四号"的发射成功,标志着我国攻克了两级火箭的级间连接和分离技术、发动机高空点火技术,把我国的火箭技术推进到一个新阶段。

研制我国第一枚运载火箭

早在 1966 年 1 月,根据国防科委的要求,当时的航天主管部门七机部就确定,我国第一枚卫星运载火箭选用"东风四号"液体导弹(图 2-7)。1967 年提出了"长征一号"运载火箭方案,即火箭第一、二级和控制系统在"东风四号"基础上修改,增加固体第三级。火箭第二级推进剂燃烧完毕关机后并不与第三级分离,而是控制第三级靠已经获得的速度无动力向上滑行,且调整火箭达到第三级发动机点火需要的姿态。滑行一定时间,达到一定高度后,第二级与第三级分离,同时第三级固体发动机开始高速旋转,保持姿态,点火加速,将卫星送入预定轨道。第三级没有一般火箭的完整控制系统,靠自旋保持姿态,发动机在燃料燃烧完后,推力才消失。但第三级有一套电路系统,可由钟表机构发出自旋、卫星分离和观察伞打开等时间指令。设置观察伞的目的是为了增加日光反射面积和强度,便于地面观察人员用肉眼搜寻和观察卫星。另外,通过"东风四号"的飞行试验,试验"长征一号"运载火箭的第一、二级,这样可以节省大量研制经费,又可缩短研制周期。所以,"长征一号"运载火箭一开始就是和"东风四号"结合起来研制的。

从 1965 年 3 月中央专门委员

图 2-7 "东风四号"液体导弹竖立待发

会批准"东风四号"的发展规划,至1971年11月"东风四号"第四次飞行试验取得圆满成功,经历了6年半时间的拼搏,4次发射,2次失败,我们终于掌握了多级火箭的设计、生产和发射技术,为"长征一号"运载火箭的研制和发射打下牢固的基础。即使如此,从"东风四号"导弹到"长征一号"运载火箭,仍然有大量的设计、研究工作要做。

首先是对"东风四号"进行适应性修改,使其满足"长征一号"运载火箭发射"东方红一号"卫星的要求。这里包括火箭结构的修改,主要是在第二级的仪器舱上端增加一过渡锥,兼作遥测仪器舱,安装简易遥测系统以获得第三级飞行中的工作参数,上面连接第三级火箭上的转接锥和卫星整流罩。卫星整流罩,用于保护卫星在大气层中飞行时不受高速气流冲刷,由两瓣船形薄壁结构扣在一起,用爆炸螺栓连接起来,在火箭飞出大气层后,爆炸螺栓起爆解锁,卫星整流罩分成两瓣抛掉。三级转接锥用于连接直径较小的第三级火箭。另外,还要增加第二级推进剂燃烧完毕发动机关机后,火箭无动

图 2-8 周恩来总理提出的"十六字方针"是航天人永远的座右铭

力滑行期间的姿态控制系统。

最重要的是火箭第三级固体发动机的研制，它从1965年底开始，到1970年初先后经过19次地面试车，最后各项技术指标终于达到设计要求。

"长征一号"运载火箭的研制，遇上了中国那个时期的"文化大革命"运动，与全国的形势一样，航天部门的群众也分成两派，使火箭研制工作受到直接影响。有关中央领导和工程技术人员不得不排除"文化大革命"的干扰，在极其困难的情况下，坚持"长征一号"运载火箭的研制工作。1969年7月，为解决"长征一号"的二、三级试车问题，周恩来总理于17日、18日、19日和25日相继召开四次会议，召见有关人员进行耐心细致的工作。8月22日，终于顺利完成了"长征一号"运载火箭的二、三级试车，接着在9月6日三级试车再次成功，最后又进行了观察伞打开试验。正是在周恩来总理的直接关怀下(图2-8)，"长征一号"火箭走完了最后的研制程序。

"东方红一号"发射成功

经过4年的艰苦努力，"长征一号"运载火箭终于研制成功了。为发射"东方红一号"卫星，共准备了两枚火箭。1970年1月30日，"东风四号"在酒泉发射基地第二次发射取得圆满成功，于是决定采用第一枚"长征一号"火箭发射"东方红一号"卫星。两个月后的4月1日，两颗发射质量各在170千克上下的"东方红一号"卫星，和一枚"长征一号"运载火箭被送到酒泉卫星发射中心。卫星和运载火箭使用专门的铁路运输车通过铁路运送。铁路运输车从外面看普普通通，里面装载的却是高技术的卫星和运载火箭(图2-9)。

"长征一号"运载火箭将按预定计划发射"东方红一号"卫星，使之进入预定轨道。那么，卫星轨道究竟是什么形状？那些"轨道参数"是什么含义呢？我们在此作一简单介绍。

根据牛顿发现的万有引力定律，任何两个物体之间都有引力相

图 2-9 看似普通的铁路运输车里装载的却是卫星和运载火箭

互作用,当两个物体可被看作质点时,这种引力与两个物体质量的乘积成正比,与它们之间距离的平方成反比。同时,在一个物体引力的作用下, 另一个物体运动的加速度与该吸引体的质量成正比,与两个物体距离的平方成反比。一个较小质量的物体在一个大质量物体的引力作用下,当两者相距甚远时,小质量物体的运动服从开普勒定律。这时,此物体围绕可视为质点的大质量物体运动的轨道是一个椭圆,这个大质量质点位于该椭圆的一个焦点上。

地球可近似看作位于自身中心的一个质点,因此卫星围绕其运动的轨道可视为椭圆轨道,地球中心在这个椭圆的一个焦点上。

人造卫星的椭圆轨道上距离地球中心最近的一点称为近地点,近地点到地球中心的距离称为近地点地心距。近地点距离地球表面的高度称为近地点高度,记为 H_p,这里下标 p 为英语词 perigee(近地点)的第一个字母。

椭圆轨道上距离地球中心最远的点称为远地点,它到地球中心的距离称为远地点地心距。远地点距离地球表面的高度称为远地点高度,记为 H_a,这里下标 a 为英语词 apogee(远地点)的第一个字母。

　　椭圆轨道的大小和形状可由近地点高度 H_p 和远地点高度 H_a 唯一确定,所以近地点高度 H_p 和远地点高度 H_a 是卫星轨道的两个重要参数。

　　近地点和远地点合称拱点,它们在过椭圆焦点的一条直线上,这条直线上处于两拱点之间的部分为椭圆的长轴,长轴的一半即椭圆的半长轴,记为 a,它也是椭圆中心到两拱点的距离。椭圆中心到其焦点的距离称为椭圆的偏心距,记为 c。偏心距 c 与半长轴 a 的比值称为偏心率,记为 e。半长轴 a 和偏心率 e 也是椭圆的重要参数。

　　椭圆轨道的半长轴 a 和偏心率 e,近地点高度 H_p 和远地点高度 H_a,可以互相转换。实际上,远地点高度 H_a 和近地点高度 H_p 的差,就是两倍的偏心距 $2c$,H_a 与 H_p 的和再加地球的直径就是两倍的半长轴 $2a$(图2-10)。反过来,知道了半长轴 a 和偏心率 e,就可以求出偏心距 c,也就知道了远地点高度 H_a 和近地点高度 H_p 的和与差,从而不难求出 H_a 和 H_p。因此,椭圆轨道的两对参数,半长轴 a 和偏心率 e,近地点高度 H_p 和远地点高度 H_a,只要知道一对即可。

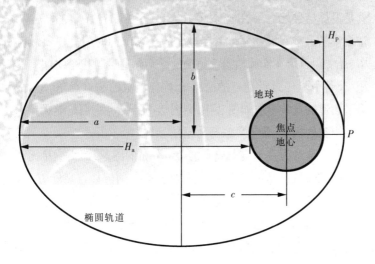

图2-10　椭圆轨道示意图

椭圆轨道为平面轨道，为了确定这个轨道平面的空间取向，在卫星轨道参数中，引进了两个重要参数，这就是轨道倾角和升交点赤经。

轨道倾角，记为 i，为英语词 inclination 的第一个字母，它是轨道平面与地球赤道平面间的夹角。

升交点指卫星沿轨道运动时，其轨迹在地面的投影自南半球越过赤道面进入北半球时，与地球赤道的交点。升交点赤经，记为 Ω，它是春分点方向(即春分时刻地球中心指向太阳的方向)与地球中心指向升交点方向之间的夹角。

为了确定卫星轨道近地点的位置，又引进了一个轨道参数，这就是近地点幅角，记为 ω，它是自地球中心指向升交点方向沿卫星运动方向度量至地球中心指向近地点方向所得的角度。

以上近地点高度 H_p、远地点高度 H_a(或半长轴 a，偏心率 e)、轨道倾角 i、近地点幅角 ω 和升交点赤经 Ω 这 5 个参数，可完全确定卫星运动的椭圆轨道。也就是说，知道了这 5 个参数，就知道了卫星运动的轨道。但是卫星在轨道上的位置还需要一个参数来确定，这就是卫星经过近地点的时刻，记为 τ。这个参数与当前时刻的差，就是卫星从近地点开始运动到当前位置所需要的时间。在实际应用中，经常用卫星在椭圆轨道上运动的平均角速度与这个时间差的乘积，代替卫星经过近地点的时刻 τ，称作卫星的平近点角，记为 M。卫星轨道的这些参数如图 2-10 和图 2-11 所示。它们是航天技术经常要用到的概念，希望大家努力记住。

如果地球为一个质点或质量均匀分布的圆球，那么卫星无动力飞行的椭圆轨道是不会变化的，该椭圆轨道的近地点高度 H_p、远地点高度 H_a(或半长轴 a，偏心率 e)、轨道倾角 i，近地点幅角 ω 和升交点赤经 Ω 这 5 个参数也不会变。然而，地球既不是一个质点，也不是质量均匀分布的圆球，而是赤道带隆起的椭球，赤道上多余质量的引力作用，使卫星轨道不断变化，虽然它每时每刻都十分接近于

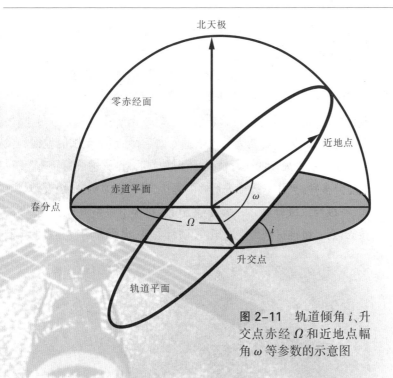

图 2-11 轨道倾角 i、升交点赤经 Ω 和近地点幅角 ω 等参数的示意图

一个椭圆,但是这些椭圆又都稍有不同,变化比较明显的是椭圆的近地点幅角 ω 和升交点赤经 Ω 两个参数。

另一方面,当椭圆轨道的近地点高度 H_p 与远地点高度 H_a 相等时,椭圆轨道就变成了圆轨道,也就没有了近地点和远地点,只有轨道半径。这时轨道偏心率 e 退化成零,地球质心也变成了圆轨道中心。

再说"长征一号"火箭和"东方红一号"卫星运到酒泉卫星发射中心后,广大技术人员经过 20 多天认真的检查与测试,终于等到了 1970 年 4 月 24 日——"东方红一号"卫星发射的日子。发射时间预定在 21 时 30 分左右,在酒泉的发射场区,技术人员有条不紊地忙碌着。现场的广播喇叭不断在播放着"工作要准确,不要慌张、不要性急,要沉着、谨慎,把工作做好",这是周恩来总理对航天人的要求和期望。每当航天事业的关键时刻,周总理都特别关注航天活动的进展,特别提出要求,这些要求被航天人当作是自己行动的准则。

技术人员在刺骨的寒风中往返于冰冷的塔架,每个人都不敢大意,知道自己责任重大,正在做一件让世界震动的大事情。21时35分,点火口令准时发出,"长征一号"火箭(图2-12)腾空而起,划出美丽的弧线,闪烁着诱人的火焰进入太空,分布于全国的地面测量站密切监视着火箭的飞行情况,不时地报告着"火箭飞行正常"。过了2分多钟,火箭一级推进剂燃烧完毕,发动机关机,二级发动机点火,一级与二级分离。二级飞行20秒,抛掉卫星整流罩,再过约82秒,火箭二级推进剂燃烧完毕,发动机关机,火箭开始在二级的控制

长征一号火箭

图 2-12 "长征一号"运载火箭

图 2-13 参观者在"东方红卫星升起的地方"留影,远处背景是当初"长征一号"火箭发射"东方红一号"使用的塔架

下无动力滑行。过了 273.5 秒,二级与三级分离,3 秒后第三级开始高速旋转,转速达到 180 转/分。再过 3.5 秒,固体发动机点火,将卫星加速至约 7900 米/秒,卫星与火箭分离,此时卫星飞行高度已经达到 455 千米,进入倾角 69.2°、近地点高约 455 千米、远地点高在 1500 千米以上的椭圆轨道,火箭和卫星在飞行中均表现良好。21 时 50 分,中国国家广播事业局报告,收到了中国第一颗卫星"东方红一号"播送的《东方红》乐曲,声音清晰宏亮。4 月 25 日下午,新华社向全世界宣布:1970 年 4 月 24 日中国成功地发射了自己的第一颗人造地球卫星"东方红一号"。全中国乃至全世界的人们,被中国的航天壮举深深震动了。全国上下一片欢腾,喜气洋洋。如今,多少年过去了,每当参观者来到这"东方红卫星升起的地方",都会怀着无比崇敬的心情在此追忆往事、摄影留念(图 2-13)。

看看"长征一号"火箭

"长征一号"运载火箭,代号 CZ-1。它是一枚三级火箭,加注推

图 2-14 "东方红一号"卫星

进剂后的总质量约 81.5 吨,起飞时发动机总推力 1020 千牛,火箭全长 29.86 米, 进入 70°倾角、440 千米高的圆轨道, 运载能力 300 千克。一级为液体火箭,直径 2.25 米,长约 17.8 米,加注偏二甲肼约 17.8 吨,硝酸约 43.3 吨,尾部安装 4 台使用偏二甲肼作燃烧剂、硝酸作氧化剂的发动机,每台地面推力 255 千牛。二级与一级一样,也为液体火箭,直径 2.25 米,长约 7.5 米,加注偏二甲肼 3.4 吨,硝酸约 8 吨,尾部安装一台使用偏二甲肼作燃烧剂、硝酸作氧化剂的发动机,推力 290 千牛,二级的上部为仪器舱,控制火箭飞行的控制系统仪器大部分安装在这里。三级是固体火箭,长约 4.6 米,固体发动机直径 0.77 米,装填固体推进剂 1800 千克,燃烧时间约 40 秒,靠高速旋转保持火箭推力方向, 上部是观察伞和卫星支架,"东方红一号"卫星(图 2-14)就安装在这个支架上。卫星整流罩固定在第二级火

表2-1 "长征一号"运载火箭发射"东方红一号"卫星的飞行时序

序号	飞行事件	时间(秒)
1	火箭起飞	0
2	一级发动机关机	137.064
3	一、二级分离	140.914
4	抛整流罩	160.914
5	二级发动机关机	243.261
6	二级工作结束	257.261
7	滑行中开始姿态调整	273.261
8	二、三级分离	516.761
9	三级开始旋转	519.761
10	三级发动机点火	523.261
11	三级发动机熄火	563.261
12	卫星与火箭分离	593.261
13	打开观察伞	613.261

箭的过渡锥上,直径1.5米,长约4.6米,将整个第三级火箭连同卫星包起来。

"长征一号"运载火箭发射"东方红一号"卫星的飞行时序见表2-1。

"长征一号"运载火箭发射"东方红一号"卫星的发射轨道特征点参数见表2-2。

"长征一号"火箭发射"东方红一号"卫星进入太空,使得中国成为继苏联、美国、法国、日本之后,世界上第五个能用自己的火箭把自己的卫星送上天的国家。就在全国上下为中国的航天"奇迹"而自豪的时候,广大的航天工程技术人员心中仍有不小的遗憾:中国的"东方红一号"卫星和日本的卫星前后相差了短短的两个多月,大家

表2-2 "长征一号"运载火箭发射"东方红一号"卫星发射轨道特征点参数

特征点	一级发动机关机	一、二级分离	抛整流罩	二级发动机关机
飞行时间(秒)	137.064	140.914	160.914	243.261
高度(千米)	56.776	60.921	82.832	189.913
到地心距离(千米)	6425.927	6430.093	6452.121	6559.964
相对地面速度(米/秒)	2053.4	2129.8	2426.2	4841.7
俯仰程序角(度)	32.600	32.600	28.225	25.100

特征点	二级工作结束	三级发动机点火	三级发动机熄火	卫星与火箭分离
飞行时间(秒)	257.261	523.261	563.261	593.261
高度(千米)	213.749	453.200	455.299	455.561
航程(千米)	—	1527.684	1729.084	1876.976
到地心距离(千米)	6583.983	6826.582	6829.202	6829.833
相对地面速度(米/秒)	4803.5	4342.5	7724.4	7724.2

心里还是有一些不服气,觉得"中国的火箭和卫星本来应该有机会在日本之前发射升空的"。

一年后,1971年3月3日,"长征一号"运载火箭再次发射,成功地将一颗科学实验卫星"实践一号"送入轨道。

"长征一号"火箭的发射是中国航天事业的一个标志性开端,它标志着中国开始发展自己的运载火箭(图2-15)。在随后的日子里,中国的"长征"火箭一次次地升空,一次次地续写"新的长征"。

图 2-15　发射台上整装待发的"长征一号"运载火箭

图 3-1　洲际战略导弹在天安门前接受检阅

第三章　不断创新的"长征二号"

"长征二号"运载火箭

　　早在 1964 年,中国就开始了新型洲际战略导弹的研制,它使中国具备了远程核打击的能力。1984 年,国庆 35 周年的阅兵式上,邓小平站在天安门城楼上检阅中国的导弹部队,最后一个出场震惊世界的导弹就是它(图 3-1)。在研制新型洲际战略导弹的同时,中国运载火箭技术研究院开始同步研制"长征二号"运载火箭,并且有了雏形。

　　"长征二号"运载火箭,代号 CZ-2,是一枚两级火箭,火箭的一级和二级都使用了常温的四氧化二氮和偏二甲肼液体推进剂,其中四氧化二氮为氧化剂,偏二甲肼为燃烧剂,两种燃料相遇就会立即燃烧,称自燃推进剂。运载火箭一级和二级装载液体燃料的燃料箱,采用了3.35米的最大直径。这是因为从北京的火箭生产基地,要经过长途运输,将火箭运到酒泉卫星发射中心,在当时的条件下,只能采用铁路运输,火箭必须装在火车的车厢里,火箭的直径因此受到了车厢的限制;而火箭设计师认为应当尽量使用更大的直径,这样在装载相同容积的火箭燃料的条件下,每个燃料箱的长度就可以缩短,火箭的长度就可以控制在合适的范围内,短粗的火箭更有利于火箭控制系统在火箭飞行中稳定火箭的姿态。3.35米直径是设计人员充分利用火车车厢的限制定出的最大直径,至今仍然是中国长征火箭直径的标准,"长征三号""长征四号"等后续型号的火箭均采用了3.35米直径。

"长征二号"运载火箭加注后总质量184吨,火箭全长37.7米,火箭的最大直径,也就是火箭燃料箱的直径为3.35米,低轨道运载能力1800千克。

"长征二号"运载火箭,一级4台发动机安装在一个圆周上,可以沿圆周摆动,以控制火箭的飞行,总推力约2940千牛,1秒钟需要消耗约1150千克推进剂。二级中心安装一台大发动机,推力约735千牛,1秒钟需要消耗约255千克推进剂,这台大发动机又称主发动机,简称主机;还有一台小发动机,它有4个推力室,总推力约46千牛,1秒钟消耗约16.6千克推进剂,安装在大发动机周围,4个推力室都能够沿圆周单向摆动,又称游动发动机,简称游机。游动发动机用于控制火箭二级的飞行,还可以用来消除大发动机关机后残留推力的偏差,也可以让它长时间工作,以增加火箭二级的飞行时间,提高二级火箭发动机关机时的飞行高度。

"长征二号"运载火箭一级安装的发动机,是目前国内推力最大的液体火箭发动机,单台地面推力约735千牛,使用偏二甲肼加四氧化二氮推进剂,并可单向摆动。1965年8月即完成初样设计,到

图 3-2 "长征二号"运载火箭一级安装的 4 台发动机之一

1967 年 7 月共做了 16 次试验，验证了设计方案的正确性。1966 年 9 月和 12 月又先后进行了摇摆试车，此后又经过全系统试车和多次短喷管试车，使发动机系统方案、各主要组件的工作性能和结构方案都得到了考验。

"长征二号"运载火箭一级安装的发动机如图 3-2 所示。它有主系统和副系统两个系统，主系统主要为推力室，它包括燃烧室和发动机喷管，副系统由点火装置、燃气发生器、燃气涡轮、燃烧剂泵和氧化剂泵等构成，另外还有一些控制发动机点火与关机的电爆管和阀门等。燃烧室头部有氧化剂和燃烧剂喷嘴，氧化剂和燃烧剂喷入燃烧室后混合燃烧，释放出化学能，产生高温气体，经发动机喷管加速膨胀，由喷管高速喷出，产生巨大推力。燃气涡轮由燃气发生器产生的高温燃气吹动，带动燃烧剂泵和氧化剂泵高速旋转，燃烧剂泵和氧化剂泵分别给流入泵的燃烧剂和氧化剂加压，使它们从燃烧室头部的氧化剂喷嘴和燃烧剂喷嘴喷入压力很高的燃烧室。还有一小部分加压后的燃烧剂和氧化剂，经燃气发生器头部的喷嘴喷入压力很高的燃气发生器，混合燃烧后产生高温燃气去吹动涡轮。为了给发动机燃烧室和喷管冷却，氧化剂或燃烧剂在进入燃烧室头部之前，还要流经喷管和燃烧室壁，因此发

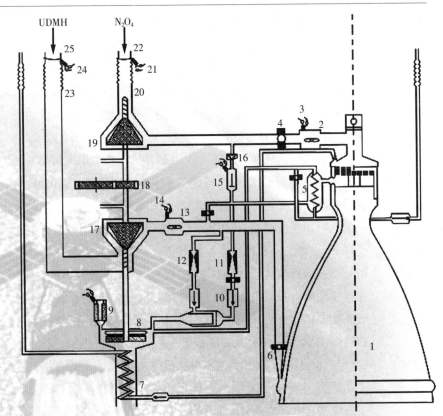

1 推力室 2 氧化剂主阀 3 电爆管 4 节流圈 5 燃气降温器 6 燃料主节流圈 7 氧化剂蒸发器 8 燃气涡轮泵 9 火药启动器 10 燃气发生器 11 氧副气蚀管 12 燃料副系统气蚀管 13 燃料主阀 14 电爆管 15 氧副断流阀 16 过滤器 17 燃烧剂泵 18 齿轮箱 19 氧化剂泵 20 摇摆软管 21 电爆管 22 氧化剂启动阀门 23 摇摆软管 24 电爆管 25 燃料启动阀门

图3-3 "长征二号"运载火箭一级发动机系统原理图

动机喷管和燃烧室壁有很多供冷却用的推进剂流过的管道。以上发动机的基本构成和工作原理可参见图3-3。

图中,火药启动器(9)用来启动发动机,在燃气发生器(10)点火工作前,它的火药燃气先吹动燃气涡轮泵(8),带动氧化剂泵(19)和燃烧剂泵(17)给氧化剂和燃烧剂加压,使它们分别进入发动机推力室(1)和燃气发生器(10)燃烧。氧化剂启动阀门(22)和燃料启动阀门(25)在火药启动器(9)点火之前,分别由电爆管(21)和(24)控制打开。齿轮箱(18)用来变速,节流圈(4)用于精确控制氧化剂流量,燃料主节流圈(6)用于精确控制燃烧剂流量,氧副气蚀管(11)和燃料副系统气蚀管(12),分别用于精确控制进入燃气发生器(10)的氧化剂和燃烧剂流量。燃气降温器(5)用于降低给燃料箱增压的燃气温度,氧化剂蒸发器(7)用来使流经此处的氧化剂加热蒸发,以便给氧化剂箱增压。氧副断流阀(15),在副系统关机时用来切断流入燃气发生器(10)的氧化剂,这样燃气发生器(10)没有了氧化剂,不能继续燃烧产生高温燃气,燃气涡轮(8)失去能源,连同它带动的氧化剂泵(19)和燃烧剂泵(17),转速迅速降低,泵出口推进剂压力也迅速降低,因而发动机推力会很快下降。氧化剂主阀(2)和燃料主阀(13)在发动机关机时,分别在电爆管(3)、(14)的控制下迅速关闭,完全切断流入发动机推力室(1)的氧化剂和燃烧剂,使发动机很快失去推力。由于采用了四氧化二氮(N_2O_4)和偏二甲肼(UDMH)自燃推进剂,所以此发动机系统没有点火装置。

与"长征一号"运载火箭一样,"长征二号"运载火箭二级安装的主发动机,也是以一级75吨发动机为基础改进而制造出来的,利用了一级发动机基本的技术和部件,这也节约了不少研制经费,并缩短了研制周期。但是为了提高火箭二级飞行的灵活性,其游动发动机没有与主发动机共用涡轮泵系统,而采用了独立的泵系统,使得游动发动机在主发动机关机的情况下,也能独立工作。这对发射卫星的运载火箭是特别必要的。

"长征二号"运载火箭二级安装的发动机见图3-4,下部中央为主发动机的燃烧室和喷管,上部四周为游动发动机的4个喷管。

液体火箭发动机是通过关闭推进剂管路上的阀门,切断发动机推进剂的供应来关闭发动机的。"长征二号"运载火箭一级发动机和二级主发动机推力都比较大,为了减少关机对火箭的冲击,它们都采用两级关机方式。第一次关机是关闭燃气发生器推进剂管路上的阀门，切断燃气发生器的推进剂供应，这样没有了燃气能源，涡轮泵转速迅速下降，推进剂流量将迅速降低，这种关机称副系统关机，又称预令关机。预令关机后1秒钟，第二次再关闭发动机推力室推进剂管路上的阀门就容易多了，此后发动机完全失去推进剂供应，只剩下推力室内残留的推进剂产生推力了，这第二次关机为主系统关机，又称主令关机。主令关机后发动机不再消耗推进剂，推力很快消失。发动机关机后残留的推力，称后效推力，后效推力与发动机的结构以及阀门关闭的速度有关，一般难以控制。

图3-4 "长征二号"运载火箭二级发动机：主发动机和游动发动机组合

与"长征一号"运载火箭一、二级分离一样，"长征二号"运载火箭一、二级分离也采用了热分离方案。二级主发动机在一级发动机完全关机前点火，二级主发动机点火工作后，才利用爆炸螺栓切断火箭一、二级的联系，无用的火箭一级在火箭二级主发动机喷焰的推动下，离开正在工作的二级火箭。这样火箭一、二级的连接分离结构设计，可以参考"长征一号"运载火箭的成功经验。

为控制火箭的运动，"长征二号"运载火箭一级和二级都采用了摆动发动机方案，这与过去使用的燃气舵相比，是一个很大的技术进步。"长征一号"运载火箭使用的燃气舵，放在发动机喷口处的燃气流中，只能改变部分燃气流的喷射方向，可提供的控制力小，还降

图 3-5　工人们在部件加工中精益求精

低了喷流的速度和发动机的效率。而通过摆动发动机，可改变全部燃气流的喷射方向，使摆动同样角度所提供的控制力大大增加，同时燃气喷流速度不受影响，使发动机可保持原有比冲。

"长征二号"运载火箭一级和二级发动机的研制成功，还有逐渐成熟的一、二级的热分离技术，为我国近40年运载火箭的发展打下了坚实基础。利用这种发动机及其组合方式，还有一、二级的热分离技术，再加上后来发展的助推器捆绑技术，形成了我国"长征"火箭共10多种型号的大家族。"长征"火箭历经百余次发射，没有一次是因为这种发动机和热分离技术出现问题，而导致火箭飞行失败的。在取得如此辉煌成就的背后，凝聚着无数人的心血(图3-5)。甚至每一个小小的焊点，也直接关系到整个火箭的成败(图3-6)!

"长征二号"运载火箭的研制，还有一个小插曲。早期按照导弹的发动机关机程序，二级主发动机工作几乎贯穿始终，游动发动机在主发动机关机后，仅需要工作20秒左右时间，目的是用来消除大发动机关机后残留推力的偏差。但是这样在发动机关机前，火箭需要花大力气在比较短的时间内爬升到卫星入轨所要求的高度，使火箭运载能力受到损失，不能达到卫星1800千克运载能力的要求。为了延长火箭发动机关机前的飞行时间，提高火箭的运载能力，研究了下述两种方案。

　　一种是级间滑行方案,即火箭一、二级改用冷分离方式,火箭一、二级分离后,二级主发动机先不点火,让火箭以已经获得的速度小推力滑行一段时间,爬升高度,此后主发动机点火,再将卫星送入要求轨道。采用这种方案,火箭运载能力可提高约100千克,但是仍然不能满足返回式卫星的发射要求,同时它系统复杂,结构加重,相对导弹方案变化过大,研制难度大,不宜采用。

　　第二种是减小主发动机推力方案,要求新研制一种真空推力540千牛左右的发动机,采用此种方案,发动机每秒需要消耗的推进剂减少了,火箭二级飞行时间会相应增长,可提高火箭运载能力,但是新研制发动机投入更大,研制周期更长,也不是上策。怎么办?负责"长征二号"发射轨道设计的科技人员,经过大量计算分析,提出了一个改变推力程序、提高火箭运载能力的方案。即在火箭二级飞行中,与导弹飞行一样,先让大、小两种发动机都点火工作,但是缩短大发动机的工作时间,让它提前关机,游动发动机继续工作较长时间,直到将卫星送入要求轨道再关机。这样,既延长了火箭二级燃烧时间,使火箭更容易爬升到要求高度,从而提高了火箭的运载能力,又基本保持了导弹原有的发动机工作程序,火箭一、二级分离

图3-6　每一个小小的焊点,都直接关系到整个火箭的成败

图 3-7　钱学森欢送试验队去发射场

图 3-8　刘纪原（中,时任航天部部长）和王永志（左,时任中国运载火箭技术研究院院长）在工作现场

　　仍然保持原来的热分离方式。采用这个方案,火箭运载能力可满足返回式卫星的发射要求,大大减少了火箭研制的工作量,节约了研制经费,又缩短了研制周期。不久,经地面试车,解决了二级游动发动机延长工作时间的问题,"长征二号"火箭的研制也进入尾声。

　　"长征二号"火箭共进行了 4 次发射(图 3-7)。1974 年 11 月 5日,"长征二号"火箭首次发射。由于一根控制信号导线折断,火箭在起飞 20 秒后,因姿态失稳而自毁。一年后,"长征二号"火箭第二次发射,火箭飞行正常,卫星准确入轨,半个月后卫星受控安全返回地面。这是我国发射的第一颗返回式卫星。后来,在1976年12月7日以及1978年1月26日,"长征二号"火箭又进行了两次发射,均获得成功。为便于对地观测和返回,这些返回式卫星的轨道,倾角都为约63.4°,近地点高约180千米,远地点高约400千米。

"长征二号"火箭发射我国返回式卫星成功,使中国成为世界上继美国和苏联之后第三个掌握卫星返回技术和航天遥感技术的国家(图3-8)。

"长征二号丙"和"长征二号丁"

"长征二号"连续三次发射成功后,中国运载火箭技术研究院又在该火箭的基础上进行改进,研制成功了"长征二号丙",代号CZ-2C。"长征二号丙"仍然是两级火箭,火箭的主结构与"长征二号"相同,但是结构质量减小了,发动机也经过了技术改进,推力提高,更加可靠,性能更好了。

图3-9是"长征二号丙"运

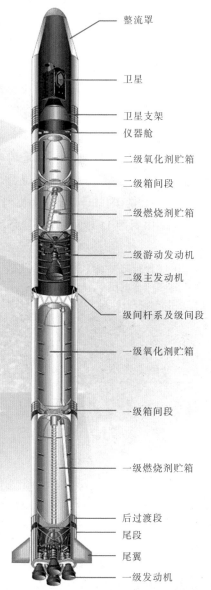

整流罩

卫星

卫星支架

仪器舱

二级氧化剂贮箱

二级箱间段

二级燃烧剂贮箱

二级游动发动机

二级主发动机

级间杆系及级间段

一级氧化剂贮箱

一级箱间段

一级燃烧剂贮箱

后过渡段

尾段

尾翼

一级发动机

图3-9　"长征二号丙"运载火箭发射不返回卫星时的结构示意图

载火箭发射不返回卫星时的结构示意图,此时为避免卫星在火箭飞行中受到高速气流冲刷,火箭上加了整流罩,仪器舱改成圆筒状,上面加了圆锥形卫星支架。返回式卫星由于要再入大气层返回地面,不怕高速气流冲刷,不需要整流罩,所以早期发射的"长征二号"运载火箭,还有发射返回式卫星的"长征二号丙"运载火箭(图3-10),都没有卫星整流罩,仪器舱是圆锥状的,卫星直接对接在上面。

自1980年开始,"长征二号丙"火箭的设计又不断得到改进,一级和二级分别加长,推进剂加注量得到不同程度增加,形成多种技术状态,起飞质量最大达到213吨,低轨道运载能力也由"长征二号"的1800千克最多提高到3000千克。自1982年9月至1993年10月的11年间,"长征二号丙"火箭连续发射11次,全部成功,把12颗卫星准确送入轨道。

1992年10月,"长征二号丙"火箭第十次发射,除了将一颗返回式卫星准确送入轨道外,还搭

图3-10 "长征二号丙"运载火箭发射返回式卫星

图3-11 "长征二号丙"运载火箭搭载发射的瑞典"FREJA号"卫星

载一颗瑞典卫星"FREJA号"（图3-11）进入要求轨道。为此，火箭在返回式卫星的支架下面，专门设计了一个分成两段的搭载舱，将圆盘形的"FREJA号"卫星夹在中间，同时还增加了一套姿态控制系统。"长征二号丙"火箭先将上面的返回式卫星送入它所要求的第一轨道，返回式卫星入轨与火箭分离后，火箭开始调整姿态，将"FREJA号"卫星的纵轴调整至要求方向，即它先进入的第一轨道远地点的速度方向。此后上面的卫星支架与搭载舱上段分离，很快"FREJA号"卫星也与火箭分离，并开始高速旋转，以保持卫星纵轴在空间的方向。在卫星飞行至第一轨道远地点后，点燃卫星上第一个固体发动机使之加速，从而使卫星进入远地点更高的过渡轨道；在卫星飞行至过渡轨道的远地点后，点燃卫星上第二个固体发动机再次加速，使卫星进入更高的大椭圆轨道，完成它的科学考察任务（图3-12）。

上述瑞典"FREJA号"卫星的飞行程序，正是根据中国航天人的建议而设计的（图3-13），两个固体发动机都

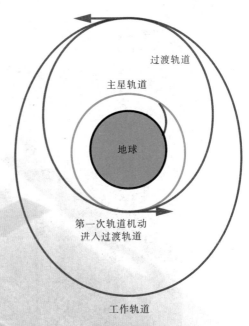

图3-12 "FREJA号"卫星轨道机动示意图

图3-13 "长征二号丙"运载火箭搭载瑞典"FREJA号"卫星起飞

图 3-14　"长征二号丁"运载
火箭发射返回式科学试验卫星

安装在卫星的纵轴上，头顶头，便于安装，推力都沿着卫星纵轴，但方向相反。利用卫星在轨道上近地点和远地点速度方向相反的运动特点，卫星在与火箭分离前调整好姿态，通过高速旋转保持姿态，再通过头顶头推力方向相反的两个发动机点火，进行轨道机动，卫星即可进入更高的大椭圆轨道，这是多么巧妙的安排呀！

与此同时，上海航天局在"长征二号"运载火箭的基础上加以改进，加长火箭一级和二级，增加燃料的加注量，提高火箭发动机的推力，形成了与"长征二号丙"火箭相似的一种低轨道运载火箭。火箭仍然是两级配置，其命名排在"长征二号丙"火箭后面，叫做"长征二号丁"，代号 CZ-2D。目前这种火箭主要在酒泉卫星发射中心用于发射返回式科学试验卫星(图 3-14)，从 1992 年 8 月

9日首次发射至 2005 年 8 月 29 日,"长征二号丁"火箭一共进行了 7 次发射,均取得了成功。

"长征二号丙改"发射铱星

1992 年负责对外发射服务归口协调的长城公司,根据美国摩托罗拉公司发展铱星的计划,提出了用"长征二号丙"运载火箭加一个分配器,一次发射两颗铱星的建议。以此建议为基础,双方签订了发射铱星的合作合同。

美国摩托罗拉公司的"铱星"系统,是一个基于空间卫星平台的全球移动通信系统,计划将放置在陆地上的移动通信基站安装在卫星上送入太空,使得通信信号的覆盖范围更加广泛,服务的时效性更有保证。整个星系由 66 颗卫星组成,分布于和地球赤道面交点不同且不随地球旋转的 6 个轨道面上,在空间编队飞行,以形成对地面通信区域的良好覆盖。有多个国家参与这项合作计划,中国负责用"长征二号丙"运载火箭共发射 22 颗卫星进入要求轨道。

铱星要求进入的轨道是高 630 千米、倾角 86.4°的圆形轨道,要求火箭将铱星送入指定的轨道面,并要求火箭在发射卫星进入要求轨道后,脱离这个轨道,以免影响铱星在这个轨道上的运行和工作。与"长征二号丙"运载火箭过去发射返回式卫星相比,铱星发射轨道高度有大幅度提高,同时铱星组网发射,要求火箭将其送入指定的轨道面,最后又必须按要求脱离轨道,这都对"长征二号丙"运载火箭提出了新的要求。另外,每颗铱星的发射质量都不足 700 千克,高约 2.5 米,横截面呈扇形,横向最大尺寸也不过 1 米左右,如果"长征二号丙"运载火箭每次发射一颗铱星进入轨道,不能有效利用卫星整流罩空间,也不能有效利用火箭运载能力,发射成本比较高,因此需要"长征二号丙"运载火箭实现一箭双星发射。这也是"长征二号丙"运载火箭发射铱星所面临的新课题。

为了满足上面发射铱星的诸项要求,对"长征二号丙"运载火箭作了改进设计,主要是加一个变轨级,即前面所说的分配器,让加长后的"长征二号丙"运载火箭将这个分配器连同要发射的铱星先送入近地点高约180千米、远地点高约670千米、轨道倾角约86.4°的椭圆形过渡轨道。此后,分配器与"长征二号丙"运载火箭分离,无动力滑行约38分钟,到达过渡轨道远地点附近,发动机点火进行轨道机动,将铱星送入要求轨道。这样加长后的"长征二号丙"运载火箭进入近地点高度只有180千米左右的过渡轨道,不进入铱星轨道,不用离轨,同时进入的轨道与过去发射的返回式卫星很接近,"长征二号丙"运载火箭加长状态即可基本满足发射铱星的要求,只需要分配器在与铱星分离后,实施离轨机动,脱离铱星轨道即可。分配器与铱星分离后,只有500千克左右,这样离轨就容易多了。

"长征二号丙"运载火箭的改进设计主要集中在分配器上,分配器设计成圆盘形状,采用固体发动机加液体辅助动力系统,结构如图3-15所示。

固体发动机安装于分配器圆盘中心,完成在过渡轨道远地点附近轨道机动的主推进任务;辅助动力系统推力喷管安装于分配器圆盘四周,完成姿态控制和入轨速度精确控制,还有分配器最后离轨的推进任务。圆盘的上方有两个成梯形的卫星支架,两颗铱星就并排安装在这两个支架上。为了完成过渡轨道远地点附近的轨道机动,保证两颗铱星可靠分离,最后让分配器脱离轨道,控制系统的任务是十分复杂的。为此,分配器设置了独立的控制系统

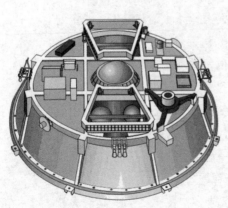

图3-15 "长征二号丙"火箭改进设计的分配器结构示意图

和测量系统,控制系统利用辅助动力系统推力喷管,完成在过渡轨道滑行期间和固体发动机点火工作期间的姿态控制,精确控制入轨速度。在分配器达到预定入轨要求后,调整分配器姿态,使它的纵轴上端指向地球中心,此后控制分配器围绕其纵轴低速旋转。当两颗铱星质量中心连线与轨道面垂直时,发出卫星分离指令,使两颗铱星一前一后沿与轨道面平行的切线方向分离出去,一颗铱星加速,另一颗铱星减速,保证两颗铱星有一定速度差,使其在以后的飞行中不致碰撞。两颗铱星安全分离后,控制系统还要控制分配器消旋,再将分配器纵轴推力调整至与其运动速度相反的方向。此后再控制分配器起旋,利用高速旋转保持推力与飞行速度方向相反,最后点燃辅助动力系统发动机,降低分配器速度,使分配器脱离轨道,逐渐返回大气层。测量系统在上面的控制过程中,测量并获取分配器的运动参数和各系统工作参数,在分配器飞经我国上空时发回地面,使地面了解分配器的工作情况。另外,为了及时掌握铱星进入轨道的情况,还在智利圣地亚哥设了地面站,铱星一入轨,即可向国内和用户通报铱星入轨的情况。

为了保证铱星准确进入指定的轨道面,需要对火箭的发射时间进行精确控制,即在发射点随地球旋转至轨道面内时,立即发射火箭。为此,采用了发射时间预先装订的办法,在发射前10分钟转入自动发射程序,在这10分钟内,火箭如果不出现异常情况,发射程序就会自动进行,到达预定时间火箭就自动点火起飞;如果出现异常情况,不能及时排除,就中止发射,推迟一天,等第二天重新装订发射时间,再次组织发射,这样可以保证火箭发射时间准确至秒。这里"装订"是火箭控制常用的一个术语,指将控制火箭飞行的参数输入相应记忆装置,比如计算机内存,用以控制火箭飞行。发射时间预先装订,就是将要求的发射时间预先装入控制火箭发射的仪器,控制火箭按要求时间发射起飞。

"长征二号丙"运载火箭就是通过以上改进,达到了铱星的发射要求。按照上面提出的方案进行改进后，形成"长征二号丙改"火箭，代号CZ-2C/FP，其飞行程序如图3-16所示。

经过5年的艰苦努力，火箭的各项改进工作终于完成。应用户要求，"长征二号丙改"运载火箭，于1997年9月1日进行了首次模拟发射，将2颗模拟卫星准确送入铱星所要求的轨道，2颗卫星安全分离，分配器按要求离轨，发射取得圆满成功。这为后面的火箭投入商业发射打下了良好基础。

表3-1列出了"长征二号丙改"运载火箭发射铱星进入要求轨道的飞行程序。表3-2列出了"长征二号丙改"火箭发射铱星的发射轨道特征点主要参数。

3个月后，1997年12月8日，在太原卫星发射中心，"长征二号丙改"火箭又首次进行商业发射，成功地将两颗铱星送入要求轨道，发射取得圆满成功。此后至1999年6月12日，火箭共进行

图3-16 "长征二号丙改"运载火箭发射铱星飞行程序示意图

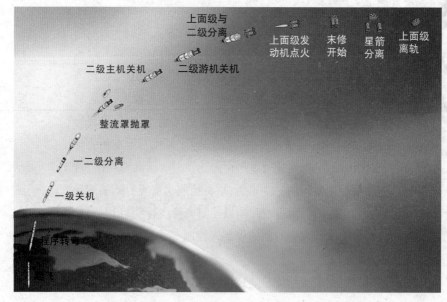

表 3-1 "长征二号丙改"火箭发射铱星进入要求轨道的飞行程序

顺序	飞行动作	时间（秒）
1	起飞	0
2	一级转弯	10.0
3	一级发动机预令关机	120.270
4	一级发动机主令关机	121.270
5	一、二级分离	121.770
6	抛整流罩	231.670
7	二级主发动机预令关机	301.184
8	二级主发动机主令关机	302.184
9	二级游动发动机关机	613.333
10	二级和分配器分离	616.333
11	分配器完成无动力滑行,开始精确控制姿态	2821.347
12	分配器开始调整姿态	2831.347
13	分配器完成姿态调整	2871.347
14	分配器固体发动机点火	2888.347
15	分配器开始精确控制速度	2928.347
16	分配器完成速度精确控制	2948.347
17	分配器纵轴开始向释放卫星所需要的方向转动	2969.347
18	分配器完成纵轴转动	2983.347
19	分配器开始绕纵轴旋转	2995.347
20	分配器滚动角达到 90°,滚动角速度达到 10°/秒开始释放卫星	3013.347
21	分配器完成卫星释放	3013.447
22	分配器开始消旋	3033.347
23	分配器完成消旋,恢复姿态稳定	3059.347
24	分配器开始为离轨而调整姿态	3074.347
25	分配器完成离轨姿态调整	3085.347
26	分配器开始离轨	3213.347
27	分配器完成离轨操作	3286.347
28	分配器完成参数记忆重放	6000

表3-2　"长征二号丙改"火箭发射铱星发射轨道特征点主要参数

特征点	火箭一、二级分离	抛掉卫星整流罩	分配器与火箭二级分离	分配器固体发动机点火	分配器与铱星开始分离
飞行时间(秒)	121.770	231.670	616.333	2888.347	3013.347
高度(千米)	48.224	117.517	180.644	635.224	635.095
航程(千米)	64.518	352.674	2848.651	18 863.955	18 981.766
到地心距离(千米)	6418.204	6488.425	6557.690	7002.960	7005.649
经度(度)	111.6346	111.7285	112.0771	−80.1148	−79.8011
地心纬度(度)	38.0812	35.4908	13.0459	−44.1553	−36.4873
相对地面速度(米/秒)	2042.986	3697.508	7918.454	7404.736	7522.846

了6次商业发射,全部圆满成功,将12颗"铱星"成功送入要求轨道(图3-17)。

虽然后来由于摩托罗拉公司宣布破产,原定的12次发射任务只进行了7次(包括首次的模拟星发射),但我们从这次合作中积累了很多有益的经验,提高了我国的航天技术水平。"长征二号丙"运载火箭得到了很大改进,为在未来使用创造了新的前景。

发射科学探测双星

1999年,中国科学院提出了国际合作空间探测的双星计划。该计划用于与欧洲空间局"ClusterⅡ"卫星配合,共同探测地球周围的空间环境,包括两颗轨道椭圆度很大的小卫星。卫星自旋稳定,发射质量各约340千克。其中,赤道卫星轨道倾角28.5°,近地点高度550千米,远地点高度约67 000千米;极轨卫星的轨道倾角90°,近地点高度 700 千米,远地点高度 39 000 千米。为与欧洲空间局的"Cluster Ⅱ"卫星配合,卫星进入的轨道,要求随发射日期不同而不断变化,主要是近地点位置和轨道平面要根据发射日期变化。调整轨道平面可以利用地球旋转,通过调整火箭发射时间来实现。而调整近地点位置则必须调整发射轨道,这对火箭发射影响很大。因为原"长征二号丙"运载火箭,只能将卫星送入近地点高 200 千米左右、远地点高 550 千米或 700 千米左右的椭圆过渡轨道,要使卫星进入所要求的大椭圆轨道,火箭就需要增加

图 3-17 "长征二号丙改"运载火箭从太原发射场载着铱星起飞

一个上面级,在过渡轨道的远地点附近进行一次轨道机动。这样大椭圆轨道的近地点只能在过渡轨道的远地点附近,调整大椭圆轨道近地点的位置,这就需要调整过渡轨道的远地点位置。而在发射点位置不能调整的情况下,要调整过渡轨道的远地点位置,就意味着需重新设计火箭的发射轨道,并且原则上每天需要设计一条发射轨

道,并给出火箭飞行的相应控制参数。另外,上面级轨道机动是我们最为关注的环节,必须保障获得测量数据,因此此上面级变轨飞行段,也就是过渡轨道的远地点只能选择在测量站附近,这进一步限制了卫星大椭圆轨道近地点位置的变化范围,有相当部分的近地点是无法满足上述要求的。根据分析,满足上述要求的近地点,对应的发射日期范围也就是一个月。这对计划管理提出了严格的要求,即必须在预定日期内发射,否则任务作废;并且火箭必须根据发射日期确定发射轨道和控制装订数据,不同日期发射,发射轨道和控制装订数据也不同,这是过去所有任务所没有过的。但是,由于卫星的任务是探测空间环境(图 3-18),对入轨精度要求不高,这使得我们有可能采用比较简单的上面级控制方案。

根据卫星上述发射要求,经过分析,决定上面级采用自旋稳定固体发动机方案。先由加长后的"长征二号丙"运载火箭将上面级连同探测卫星送入一个过渡轨道;然后上面级和二级分离,进入无动力飞行段,在适当时刻进行调姿,将姿态调整到固体发动机的推进方向;接着上面级起旋,固体发动机点火,靠高速旋转保持推力方向,固体发动机熄火后,上面级已进入要求轨道,开始消旋;再将上面级姿态调整到卫星所要求的方向,即垂直地球绕太阳公转轨道面向北方向;最后再起旋,弹射卫星,使卫星以要求姿态进入所要求的

图 3-18　科学探测双星

轨道。

根据分析,加长后的"长征二号丙"运载火箭加上面级,发射卫星进入与探测卫星接近的轨道,运载能力最大达 1000 千克左右。但是科学探测双星每颗发射质量不足 340 千克, 而两颗卫星进入的轨道差异很大, 不可能一箭发射双星。如果按运载能力 340 千克设计火箭上面级和发射轨道,可以满足发射上述科学探测卫星的要求, 但是这样不能发挥火箭的运载效能。经研究,决定按火箭

图 3-19　"长征二号丙"上面级示意图

的最大运载能力需要设计火箭上面级(图 3-19),以满足火箭发射更大卫星的需求。这样设计的结果,上面级固体发动机达到 2900 千克左右,装药量达到 2600 千克左右,使加长后的"长征二号丙"运载火箭加上面级, 具备了发射 1250 千克重的卫星进入地球同步转移轨道的能力。有关地球同步轨道卫星和地球同步转移轨道,将在第六章详细说明。

不过,这样设计后,火箭发射科学探测卫星时,上面级有点大。为了充分发挥火箭和新设计的上面级的效能, 在发射轨道设计中,将上面级进入的过渡轨道设计成了一种亚轨道,这种轨道的远地点高度,略高于卫星要进入大椭圆轨道的近地点高度,而近地点在地球表面以下(近地点高度为负值),这样上面级进入所设计的过渡轨道,无动力滑行到远地点附近,进行轨道机动进入卫星所要求的大椭圆轨道时,就需要发动机提供更大的机动速度,比较大的上面级就正好满足这个需要。这种发射轨道设计,反映了设计者对火箭上面级正常工作的信心,也对火箭上面级的可靠性设计提出了更高

的要求。因为上面级进入这个过渡轨道,无动力滑行到远地点附近后,如果不能正常点火工作,则会与火箭二级一样,很快坠入太平洋。

为了不过多改变火箭在大气层内的飞行环境,同时尽量缩小火箭一级残骸的散布区域,火箭一级的发射轨道,没有随火箭发射日期的不同而变化,只是通过改变火箭在稠密大气层外飞行的二级飞行轨道,调整了上面级过渡轨道远地点的位置,同时选择火箭每日的发射时间,使发射轨道能满足不同发射日期探测卫星进入不同轨道的要求。加长后的 CZ-2C 运载火箭加上面级后形成的新火箭,代号 CZ-2C/SM。

2003 年 12 月 30 日,CZ-2C/SM 运载火箭从西昌卫星发射中心向东发射,成功地将"探测一号"卫星送入所要求的赤道轨道（图3-20）。2004 年 7 月 25 日,CZ-2C/SM 运载火箭又从太原卫星发射中心向南发射,成功地将"探测二号"卫星送入所要求的极地轨道,

图 3-20　CZ-2C/SM 运载火箭发射"探测一号"卫星

图 3-21 CZ-2C / SM 运载火箭发射"探测一号"卫星飞行程序示意图

前后历时 5 年,圆满完成了科学探测双星的发射任务。实际发射时间比中国科学院最早要求的时间推迟了一年半。

　　CZ-2C/SM 运载火箭发射"探测一号"卫星的飞行程序如图 3-21 所示,发射轨道特征点参数见表 3-3。

　　上面级进入的过渡轨道参数为:轨道倾角 i=28.9856°,近地点高度 H_p=2195.06 千米,远地点高度 H_a=666.85 千米。 探测卫星进入的轨道参数为:轨道倾角 i=28.5000°,近地点高度 H_p=550.00 千米,远地点高度 H_a=66 970.43 千米。

　　图 3-22 是 CZ-2C/SM 运载火箭发射"探测二号"卫星的情景。

我们的金牌火箭

　　截至 2006 年底,"长征二号丙"及其改进型运载火箭已连续成功发射 25 次,将 31 颗卫星送入要求轨道,次次圆满成功。发射的卫

表 3-3　CZ-2C/SM 运载火箭发射"探测一号"卫星的发射轨道特征点参数

特征点	火箭一、二级分离	抛掉卫星整流罩	上面级与火箭二级分离	上面级固体发动机点火	上面级与探测卫星分离
飞行时间(秒)	121.895	199.795	446.406	558.853	697.853
高度(千米)	57.396	138.682	431.764	528.946	618.665
航程(千米)	62.429	238.087	1494.666	2146.088	3246.475
到地心距离(千米)	6430.800	6512.158	6805.969	6903.638	6994.224
经度(度)	102.6597	104.4272	116.7716	122.9255	132.9734
地心纬度(度)	28.0141	27.7791	25.3454	23.6226	20.2834
相对地面速度(米/秒)	2092.277	3070.062	6363.581	6233.336	9755.660
绝对速度(米/秒)	2453.865	3463.891	6791.862	6669.130	10 200.431
速度倾斜角(度)	25.9600	17.4559	8.2990	6.5106	5.3066
飞行方位角(度)	96.4468	97.9740	104.5544	107.3108	110.4625

图 3-22 CZ-2C/SM 运载火箭发射"探测二号"卫星

星有返回式卫星、组网的移动通信卫星、空间探测卫星、科学试验卫星、海洋卫星、环境卫星、育种卫星、减灾卫星等,发射方式有单星发射、双星发射、搭载双星发射,发射轨道有低轨道、较高的移动通信轨道、大椭圆轨道等。因此,"长征二号丙"及其改进型运载火箭,目前已经成为国内发射次数最多、运用最灵活、发射最可靠、价格最便宜、用户最欢迎、用途最广泛的运载火箭。鉴于"长征二号丙"运载火箭所取得的可喜成绩,航天科技集团总公司于1998年授予了"长征二号丙"运载火箭"金牌"火箭的称号。

"长征二号"、"长征二号丙"和"长征二号丁"的发射历史情况,见表3-4。

表3-4 历年发射的"长征二号"、"长征二号丙"和"长征二号丁"

火箭名称	火箭编号	有效载荷	发射时间	发射场	备注
长征二号	Y1	第1颗返回式卫星	1974.11.05	酒泉	失败
长征二号	Y2	第2颗返回式卫星	1975.11.26	酒泉	成功
长征二号	Y3	第3颗返回式卫星	1976.12.07	酒泉	成功
长征二号	Y4	第4颗返回式卫星	1978.01.26	酒泉	成功
长征二号丙	Y1	返回式卫星	1982.09.09	酒泉	成功
长征二号丙	Y2	返回式卫星	1983.08.19	酒泉	成功
长征二号丙	Y3	返回式卫星	1984.09.12	酒泉	成功
长征二号丙	Y4	返回式卫星	1985.10.21	酒泉	成功
长征二号丙	Y5	返回式卫星	1986.10.06	酒泉	成功
长征二号丙	Y6	返回式卫星	1987.08.05	酒泉	成功
长征二号丙	Y7	返回式卫星	1987.09.09	酒泉	成功

（续表）

火箭名称	火箭编号	有效载荷	发射时间	发射场	备注
长征二号丙	Y8	返回式卫星	1988.08.05	酒泉	成功
长征二号丙	Y9	返回式卫星	1990.10.05	酒泉	成功
长征二号丙	Y10	返回式卫星/瑞典弗利亚试验卫星	1992.10.06	酒泉	成功
长征二号丙	Y11	返回式卫星	1993.10.08	酒泉	成功
长征二号丙	Y14	TS-1/NX-1	2004.04.18	西昌	成功
长征二号丙	Y12	返回式卫星	2004.08.29	酒泉	成功
长征二号丙	Y15	前哨一号	2004.11.18	西昌	成功
长征二号丙	Y13	返回式卫星	2005.08.02	酒泉	成功
长征二号丙	Y16	育种卫星	2006.09.09	酒泉	成功
长征二号丙SM	Y1	探测一号	2003.12.30	西昌	成功
长征二号丙SM	Y2	探测二号	2004.07.25	太原	成功
长征二号丙改	Y1	铱星模型	1997.09.01	太原	成功
长征二号丙改	Y2	铱星	1997.12.08	太原	成功
长征二号丙改	Y3	铱星	1998.03.26	太原	成功
长征二号丙改	Y4	铱星	1998.05.02	太原	成功
长征二号丙改	Y5	铱星	1998.08.20	太原	成功
长征二号丙改	Y6	铱星	1998.12.19	太原	成功
长征二号丙改	Y7	铱星	1999.06.12	太原	成功
长征二号丁	Y1	返回式卫星	1992.08.09	酒泉	成功
长征二号丁	Y2	返回式卫星	1994.07.03	酒泉	成功
长征二号丁	Y3	返回式卫星	1996.10.20	酒泉	成功
长征二号丁	Y4	返回式卫星	2003.11.03	酒泉	成功
长征二号丁	Y5	返回式卫星	2004.09.27	酒泉	成功
长征二号丁	Y6	TS-2	2005.07.06	酒泉	成功
长征二号丁	Y7	返回式卫星	2005.08.29	酒泉	成功

第四章 突破地球同步轨道发射技术

地球同步轨道和地球同步转移轨道

卫星的轨道是根据其飞行任务选择确定的,对地观测卫星常用高度在 200~300 千米的低地球轨道, 气象卫星的轨道高度在 1000 千米上下,导航定位卫星的轨道高度一般在 20 000 千米左右,这些卫星对地面来讲,都是匆匆过客,难以长时间地连续对地面固定地区进行覆盖和观测。为了满足地面固定地区,比如我国的通信或气象观测等需要,希望存在一种在地面看来是相对不动的卫星,这就是地球静止轨道卫星,一般叫地球同步轨道卫星。

事实上,在地球赤道平面内,在高度约 36 000 千米的圆形轨道上向东飞行的卫星,相对地面是静止的。在这个轨道上,卫星围绕地球转动的角速度与地球自转的角速度相同,这就是一般所说的地球同步轨道, 以其英文词 Geostationary Earth Orbit 的三个首字母表示,即 GEO。地球同步轨道是一种比较理想的轨道,处于这个轨道上的卫星,可以连续长时间地对地面指定地区进行覆盖和观测。由于轨道高度很高,覆盖范围也很大,理论上,在这个轨道上每隔 120°放一颗静止卫星,只要三颗卫星,就可以实现对全球范围的连续长时间覆盖,满足全球不间断的通信要求。由于地球同步轨道有这些优点,所以世界各国的卫星,特别是通信卫星,竞相采用地球同步轨道,为此,国际上成立了一个组织(国际电信联合会),对这个轨道的卫星加以管理,谁要发射卫星进入这个轨道,必须先向这个国际组织提出申请,由这个国际组织按需要安排卫星在这个轨道上的位置和通信频率。一般在地球赤道上空,每 1°经度范围内只能有一颗卫星在这个轨道上工作,以免相互干扰。

由于地球同步轨道在赤道上空,又高达 36 000 千米,所以运载火箭难以直接将卫星送入这个轨道。一般发射卫星进入这个轨道,并到达指定点上空,需要经过 3 个步骤。第一步先由运载火箭(图 4-1)将卫星送入近地点高 200 千米,远地点在赤道上空高约 36 000 千米的大椭圆轨道,由于火箭发射点不在地球赤道上,这个大椭圆轨道一般也不在地球赤道面内,而是与赤道面有一个夹角,即轨道倾角。这个大椭圆轨道就是地球同步转移轨道,以其英文词 Geo-stationary Transfer Orbit 的三个首字母表示,即 GTO。卫星进入 GTO 轨道后,开始第二步,卫星先在这个轨道上进行必要的调试准备,根据地面跟踪观测卫星的需要,在这个轨道上运行几圈;再次到达赤道上空远地点时,调整卫星姿态,点燃远地点发动机,进行轨道机动,使轨道平面逐步接近地球赤道平面;最后与地球赤道平面重合,同时逐步抬高轨道近地点高度,使轨道接近高约 36 000 千米的圆形轨道。但是卫星在这个轨道上相对地球中心运动的角速度,与地球自转的角速度略有差别。这个运动角速度与地球自转角速度略有差别的近圆轨道,称为准同步轨道,或叫漂移轨道。在准同步轨道上运行的卫星,相对地面会缓慢漂移,当运动角速度大于地球自转角速度时,卫星将向东漂移,运动角速度小于地球自转角速度时,卫星将向西漂移。可以控制卫星进入准同步轨道,使其按要求

图 4-1 美国地球同步轨道卫星运载火箭"德尔塔号"

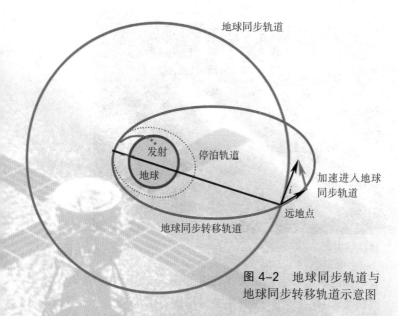

图4-2　地球同步轨道与地球同步转移轨道示意图

方向和速度尽快漂移至赤道上空指定位置。进入准同步轨道后，开始轨道调整的第三步，在卫星漂移至赤道上空指定位置后，对卫星轨道进行微小调整，使卫星进入地球同步轨道，也就是使卫星在轨道上围绕地球中心运动的角速度等于地球自转角速度。此后卫星在地球同步轨道上运行，定点在地球赤道上空指定位置(图4-2)。

　　由此可见，地球同步轨道卫星的发射定点过程是很复杂的，需要火箭、地面测控系统和卫星周密配合，才能顺利完成。一般从火箭起飞到卫星定点在地球赤道上空的指定位置，要经历半个月到一个月的时间。

"331工程"

　　20世纪70年代，随着中国第一颗人造地球卫星上天，就有了发展通信卫星的设想。此后，地球同步轨道卫星通信技术迅速发展，世界各国有很多通信卫星发射到地球同步轨道。1975年2月，国家科

图 4-3　发射控制大厅

委与国防科委联合向中央报告,提出发展我国通信卫星,实施卫星通信工程;同年 3 月 31 日中央讨论同意了这个报告,后来,就将这个卫星通信工程定名为"331 工程"。

"331 工程"由通信卫星、运载火箭、测控、通信和发射五大系统组成,通信卫星和运载火箭由当时的航天主管部门——第七机械工业部负责,测控和发射系统(图 4-3)的建设由国防科委负责。实际上地球同步轨道通信卫星和相应运载火箭的方案论证工作,早在 1970 年就开始了。通信卫星为"东方红二号",运载火箭提出了两个方案,都是在"长征二号"运载火箭的基础上加一个第三级。这是因为要发射卫星进入的地球同步转移轨道,远地点高达 36 000 千米,卫星入轨时需要达到 10 千米/秒以上的速度,"长征二号"运载火箭难以达到。另外,地球同步转移轨道的远地点要在赤道上空,火箭不能飞得太高,只能在赤道上空的轨道近地点附近运送卫星入轨。处于我国内地的发射点,即使是南方的西昌发射点,距离赤道也甚远,像"长征二号"这样的两级火箭连续推进,从国内的发射点飞行到赤道上空,是困难的。因此需要研制性能更好的三级火箭,才能完成发射"东方红二号"通信卫星进入地球同步转移轨道的任务。

　　方案论证中提出的两种以"长征二号"运载火箭为基础的三级火箭方案,区别在于第三级。第一种方案,第三级采用高性能的液体氢和液体氧作推进剂,技术性能好,运载能力大,可带动我国氢氧发动机的研制与发展,但是研制难度大,技术问题多,需要研制满足使用要求的氢氧发动机,并需要解决低温推进剂,特别是液氢的生产、贮存和使用安全等一系列问题。第二种方案,第三级采用与"长征二号"运载火箭相同的推进剂,只需要研制一台推力 50 千牛左右,并可在高空两次点火的发动机,但是火箭运载能力小,没有发展余地。鉴于氢氧发动机的研制问题比较多,还没有十分把握,故决定两种方案同时开展研究论证工作。

　　后来,由于氢氧发动机的前期研究工作抓得紧,进展比较顺利,先后完成了发动机燃烧室试验,半系统试车,活门试车和四次发动机试车。1976 年 8 月,国防科委决定采用氢氧发动机两次高空点火的第一方案,使用与"长征二号"运载火箭相同推进剂的第二方案备用。这样,"长征三号"运载火箭明确了研制方向,开始加快了研制进程。

攻关、突破和首次发射

　　"长征三号"运载火箭是以"长征二号"运载火箭为基础进行研制的,主要关键技术在火箭第三级。首先,第三级火箭首次采用低温液氢和液氧作推进剂,液氧沸点温度在 $-183℃$,液氢沸点温度更低为 $-253℃$,液氢还易燃,易爆。在这样低的温度下,许多金属材料的力学性能和物理特性都发生了很大变化,这需要我们一一弄清,只有这样才能正确、合理地选用我们设计所需要的金属材料。另外,箱体绝热也是一个重要课题,箱体绝热解决不好,不仅加注到箱内的液氢或液氧会很快蒸发,而且箱体周围还会很快降温,冻坏电缆和仪器设备,甚至连周围的空气都会被冻成液体或冰状,在火箭上四处流动、冻结,产生意想不到的后果。最严重的是氢气分子量小,渗透能力极强,与空气混合,达到一定浓度就会燃烧、爆炸,必须采取严密的防渗、防爆措施。还有在飞行中液氢和液氧推进剂的管理,特别是当发动机关机停止工作时,它们在高空都处于失重状态,在箱内乱飞,会严重影响火箭的姿态控制,并且影响发动机的二次点火,因此这个问题也必须很好解决。其他还有氢渗漏的检查和低温下流量的测量等问题。经过数年艰苦攻坚,这些问题一一得到了解决。

再就是氢氧发动机的研制。"长征三号"运载火箭第三级所使用的氢氧发动机,由1台涡轮泵和4个独立的推力室并联组成,4个推力室同在一个圆周,呈"十"字形安装在一个发动机机架上,每个推力室都可沿圆周切向摆动,以控制火箭飞行姿态。它可两次点火工作,真空推力总共44千牛,比冲约4170米/秒。

在"长征三号"氢氧发动机的研制中,遇到了高速旋转涡轮泵轴承的强度问题,低温、高压下的密封问题,高速旋转轴的共振问题,发动机点火后的缩火问题等,经过数年艰苦攻坚,至1983年5月发动机完成第一次全系统试车,这些问题也都得到解决。

另外,在"长征三号"运载火箭研制中,还解决了防雷击、防静电、防电子辐射、防射频干扰的四防问题。为了保证发射和飞行的安

图4-4 "长征三号"运载火箭的试验队伍列队出征

全,"长征三号"运载火箭还采取了防漏、隔离、吹除、通气、探漏报警和防爆报警等 6 项措施,这里不一一细述。

经过 7 年的奋力拼搏,1983 年 10 月"长征三号"运载火箭终于完成研制,两发火箭的一、二级和第三级分别从上海和北京运到西昌发射基地。为完成首次飞行试验,派出了阵容强大的试验队伍(图4-4)。

到达西昌发射基地后,经过 35 天的认真检查和测试,处理了所发现的问题。1984 年元旦,火箭从技术测试厂房转到发射场,两天后竖在发射台上(图 4-5)。接下来又紧张工作 20 余天,模拟各种飞行状态进行各种总检查和全区发射合练,此后开始加注推进剂准备发射。可是在加注完一、二级推进剂和三级液氧后,进行发射前火箭功能检查时,突然发现火箭姿态稳定系统工作不正常,经分析是控制系统平台有问题。

控制系统平台是火箭的心脏,它不能正常工作,火箭就会失去控制, 偏离所要求的飞行轨道, 甚至会在空中翻跟斗并很快坠落地面。因此,发现控制系统平台有问题后, 立即决定更换仪器舱内的控制系统平

图 4-5　"长征三号"运载火箭竖立在发射台上

台,为此泄出了已加入火箭贮箱的液氧,并打开整流罩取下了已经与火箭对接好的卫星。

火箭换上新平台,装上卫星,合好整流罩后,直到1月29日凌晨,才重新加注好推进剂,作好发射前的功能检查。晚上8时24分,"长征三号"第一发火箭点火起飞。按设计,火箭一、二级飞行结束后,第三级氢氧发动机应第一次点火工作,将火箭加速至7668米/秒,进入高约400千米的圆形停泊轨道;此后三级氢氧发动机第一次关机,火箭无动力滑行,滑行200秒后,第三级氢氧发动机应第二次点火工作,使火箭达到10千米/秒左右的速度,将卫星送入所要求的地球同步转移轨道。但是,火箭三级氢氧发动机第二次点火出现了故障,致使卫星没有进入所要求的地球同步转移轨道,而停留在高约400千米的轨道上。

后来,按照飞行试验大纲事先确定的方案,通过遥控将卫星姿态调整至要求方向后,点燃卫星上的远地点固体发动机,使其进入近地点高400千米,远地点高6480千米的椭圆轨道,在此轨道上进行了卫星进入地球同步轨道所必须的姿态测量、姿态调整、轨道控制,以及通信、广播、电视传输等各项试验,弥补了发射失败的部分损失。

奋战70天再次发射

由于三级氢氧发动机第二次点火出现故障,第一发火箭飞行试验只取得了部分成功,暴露了火箭设计方面的薄弱环节。为了不失时机地实现原定目标,突破地球同步转移轨道发射技术,最终把卫星送入地球同步轨道,并在赤道上空指定位置定点,必须把问题解决在第二发火箭发射之前。但是,西昌发射场在4月以后将进入雨季,湿度大,还可能遇到雷雨天气,对火箭发射更为不利。因此,大家认为4月是第二发火箭的最后发射期限,必须赶在4月底之前发射。

这是一个紧迫而又艰巨的任务,向相关科学工作者和工程技术人员提出了严峻的挑战。他们为了寻找具体的故障原因和故障部位,日以继夜地战斗在气候潮湿寒冷的大西南山区。此时正值我国传统的节日——春节,试验队员远离亲人,以连续奋战的特殊方式度过这个特殊的日子。

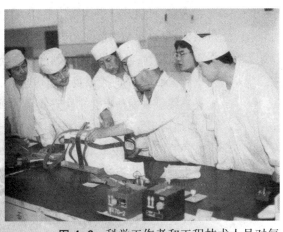

图4-6 科学工作者和工程技术人员对每一个环节的检查都非常严格,一丝不苟

科技人员一丝不苟地检查每一个环节(图4-6)。为了找到故障原因,首先要查阅、分析记录火箭飞行情况的大量数据。记录和传输火箭飞行情况的数据是测量系统的任务,由火箭上安装的无线电测量设备和地面测量站配合完成。

有十多个分布于南方各地的测量站,负责接收火箭飞行中的相关测量数据;此外,火箭在海上飞行,从三级发动机一次关机,到三级发动机在赤道附近上空二次点火,直至卫星与火箭分离进入轨道,与之对应的还有两艘远望号测量船,部署在火箭飞行路径附近太平洋上,负责相关的测量和控制工作。火箭起飞不久的发射段测量数据,由西昌发射场收集和处理;火箭二、三级飞行中的测量数据,由西安卫星测控中心负责收集和处理。以上故障分析急需的测量数据,很快通过数据通讯,分别传送至西昌发射场和西安卫星测控中心。负责处理这些数据的同志,昼夜不停,很快将有关数据交到了发射场试验队的设计和工程技术人员的手上。

试验队的设计和工程技术人员,在紧张查阅和分析这些测量数据后,经计算与试验,证明火箭一、二级飞行正常,三级一次点火工作段和200秒滑行段也没有问题。问题发生在三级氢氧发动机第二次点火后，可能是高空低气压下，液氧结冰，导致爆燃，破坏了发动机结构；也可能是火箭无动力滑行后液氢或液氧中夹有气泡，导致涡轮弧段烧穿，涡轮停转。受到遥测系统容量限制，故障时间段相关测量数据不足，一时难以找到确切原因。经过反复讨论与研究，决定延长三级氢氧发动机在二次点火前的预冷时间，同时加装旁通管路，增加用于发动机预冷的低温推进剂量，充分降低发动机二次点火前的温度，同时采取增加氦气吹除系统，清除发动机副系统（它用来产生推动涡轮旋转的燃气）中的有害气体等措施，改善三级氢氧发动机二次点火时的工作条件。

改进措施确定后，立即组织试验基地和北京的设计、生产和试验各方面进行实施，在西昌试验基地首先完成了飞行程序调整、飞行软件更改、操作规程修改等协调工作。接着又立即将设计图纸用传真发回北京，并组织设计人员下厂配合生产。相关生产厂迅速按试验队要求完成新部件的生产，改装了发动机，先后完成两台新状态发动机4次上试车台，8次点火试车，并完成了新状态发动机的全程试车任务。3月22日，改装的各种零部件迅速运抵发射场，第二天即上箭进行改装。发动机舱地方狭小，环境恶劣，工人们就衔上潜水用的呼吸器进行试验。

图4-7　仔细观察、认真分析是航天人的好传统

经过 70 天认真而艰苦的工作 (图 4-7),1984 年 4 月 8 日 19 时 20 分,"长征三号"火箭第二次发射(图 4-8)。火箭准时起飞,飞行正常,按预定程序飞完全程,23 分钟后成功地将我国自行研制的"东方红二号"同步通信卫星送入所要求的地球同步转移轨道。

这一重大胜利,极大地鼓舞了全国人民,大家无不拍手称快。不久,卫星在地面测控系统的控制下,顺利进入地球同步轨道,在赤道上空指定位置定点成功。从此,中国成为世界上第四个具有发射地球同步轨道卫星能力的国家。美国国家宇航局局长也来信祝贺,称这次发射成功是一个重要的里程碑,他为"长征三号"的

图 4-8　"长征三号"运载火箭点火起飞

性能感到自豪,因为仅有少数几个国家达到了这次发射所显示的技术能力。后来,1986 年 2 月,"长征三号"运载火箭第三次发射,又将一颗实用通信卫星——"东方红二号"送入所要求的地球同步转移轨道,进一步提高了"长征三号"运载火箭的国际信誉。

利用"长征三号"运载火箭发射地球同步轨道卫星,并在赤道上空指定位置定点成功,这标志着我国已掌握了卫星远距离轨道测量和精确控制的技术。卫星到达转移轨道远地点前,要由地面测控站精确测量卫星运行的轨道参数,地面则根据所测得的这些轨道参数,用计算机解算卫星机动至地球同步轨道需要的姿态以及发动机点火的时间,再发出无线电控制指令,逐步控制卫星进行姿态调整,

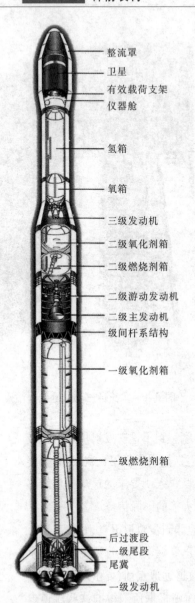

整流罩
卫星
有效载荷支架
仪器舱

氢箱

氧箱

三级发动机
二级氧化剂箱
二级燃烧剂箱

二级游动发动机
二级主发动机
级间杆系结构

一级氧化剂箱

一级燃烧剂箱

后过渡段
一级尾段
尾翼
一级发动机

图 4-9 "长征三号"运载火箭的结构示意图

使卫星姿态达到远地点发动机的点火要求。此后地面再发出无线电点火指令，点燃远地点发动机进行轨道机动，轨道机动完成后，还要精确测量和调整卫星机动后进入的轨道，逐步让卫星漂移至赤道上空定点位置，最后将轨道调整为地球同步轨道，完成定点任务。这一系列测量控制过程十分复杂，它们又都是在距离卫星几万千米之外的地面完成的，要求很高。从地球同步转移轨道机动至地球同步轨道，需要卫星提供 1800 米/秒左右的机动速度，这比从奔月轨道机动至环月轨道需要的机动速度还要大，轨道控制的复杂程度也完全可与月球探测轨道飞行相比较。因此可以说利用"长征三号"运载火箭发射地球同步轨道卫星在赤道上空指定位置定点成功，为我国未来进行月球探测、甚至探测火星打下了技术基础，意义十分重大。

"长征三号"运载火箭

　　"长征三号"运载火箭的结构如图 4-9 所示。它是在"长征二号"基础上发展起来的三级火箭：

一级加注推进剂 144 吨,安装 4 台推力各 735 千牛的发动机,发动机沿圆周呈"X"形安装,可切向摆动;二级加注推进剂 36 吨,安装 2 台发动机,中间大发动机推力约 740 千牛,小发动机 4 个喷管,安装在大发动机周围,呈"十"字形安装,也可切向摆动,一、二级直径都为 3.35 米;三级加注推进剂 8.7 吨,直径 2.35 米,安装一台可两次点火工作的氢氧发动机,4 个喷管,安装形式与二级小发动机相同。全箭加注后总质量 204 吨,起飞时发动机总推力约 2940 千牛,火箭全长 44.56 米,可以把 1400 千克的有效载荷直接送入地球同步转移轨道。

　　"长征三号"运载火箭共完成了 13 次发射,最后一次发射是在 2000 年 6 月 25 日,将我国自行设计制造的"风云二号"气象卫星送入同步转移轨道。后来"长征三号"运载火箭退役,不再承担发射任务,"风云二号"气象卫星的发射任务由"长征三号甲"运载火箭接

表 4-1　"长征三号"运载火箭发射的历史情况

名称	火箭编号	有效载荷	发射时间	发射场	备注
长征三号	Y1	东方红二号	1984.01.29	西昌	失败
长征三号	Y2	东方红二号	1984.04.08	西昌	成功
长征三号	Y3	东方红二号	1986.02.01	西昌	成功
长征三号	Y4	东方红二号甲	1988.03.07	西昌	成功
长征三号	Y5	东方红二号甲	1988.12.22	西昌	成功
长征三号	Y6	东方红二号甲	1990.02.04	西昌	成功
长征三号	Y7	亚洲一号	1990.04.07	西昌	成功
长征三号	Y9	东方红二号甲	1991.12.28	西昌	失败
长征三号	Y8	亚太一号	1994.07.21	西昌	成功
长征三号	Y10A	亚太一号 A	1996.07.03	西昌	成功
长征三号	Y14	中星七号	1996.08.18	西昌	失败
长征三号	Y11	风云二号 A 星	1997.06.10	西昌	成功
长征三号	Y12	风云二号 B 星	2000.06.25	西昌	成功

替。"长征三号"运载火箭发射的历史情况见表4-1。

撞开世界发射市场大门

"长征三号"运载火箭连续成功发射我国地球同步通信卫星进入地球同步转移轨道,引起世界关注。1985年10月我国又不失时机地宣布:长征系列火箭投入国际发射市场。

也许是历史的巧合,1984年2月3日美国发射失败的"西联星6号"卫星,在11月12日被航天飞机"发现号"取回来后,几经辗转,最后由亚洲卫星公司购买,并命名为"亚洲一号",希望利用"长征三号"运载火箭发射进入地球同步转移轨道。

但是,国外经营运载火箭发射业务的公司,并不希望中国进入国际市场,成为他们的竞争对手。另外,美国公司生产的卫星由中国发射,还需要美国政府颁发许可证,并且分成若干工作阶段,每个阶段都需要许可证,没有许可证就不能开展下一阶段的工作。1989年12月21日,经过努力,美国休斯公司终于拿到了允许卫星在中国发射的最后一张许可证,卫星可以运抵中国发射了。

1990年2月5日,中国运载火箭技术研究院组成的发射队乘专列从北京出发,到站台上欢送的人们真诚相告:"这次发射将为中国火箭走向世界开创历史纪录,可一定要发射成功啊!"

这是"长征三号"运载火箭的第七次发射,此前除第一次因火箭三级发动机二次点火故障卫星没能进入轨道外,"长征三号"运载火箭已经连续5次发射成功,分别将两颗"东方红二号"卫星和三颗"东方红二号甲"卫星送入所要求的地球同步转移轨道。因此,发射成功应该说是有把握的;不过也有困难,因为这支发射队伍有很多人刚参加完2月4日的第六次发射,历经2个月的连续工作,已经十分疲劳,需要休息。但是,卫星承制商休斯公司唯恐推迟发射,美国国会中的鹰派议员会从中刁难,反对美国政府颁发卫星出口许可证,故希望尽快将卫星运抵中国,尽快组织发射。这样大家只好又连续作战了。

发射队到达发射场后,立即展开了紧张的发射准备工作。正当工作紧张进行的时候,突然从国外传来了坏消息:2月22日欧洲空间局"阿里安4号"火箭发射失败,日本的"超鸟B号"卫星和"BS-2X号"直播电视卫星随同火箭一起坠毁;2月28日美国航天飞机"亚特兰蒂斯号"发射的"KH13号"侦察卫星在空中爆炸;3月14日美国"大力神3号"火箭发射"国际通信卫星6号"也遭到失败。

历史又把"长征二号"运载火箭的这次发射,推到了一次重大的国际竞赛中。这些坏消息就像一帖帖清醒剂,在竞争对手的一连串失败后,火箭的这次发射准备必须更加谨慎和仔细了(图4-10)。

1990年西昌的雨季提前了,进入3月还没有见过一个晴天。3月15日火箭要由技术测试厂房转运到发射场,天下着小雨,怎么办?这时基地气象站发出天气预报:上午10点到下午5点无雨,大家一致决定抢在这段时间内转运火箭。14点15分,火箭一、二、三级已经依次吊入发射准备塔内并对接好,接着控制系统平台也吊上去了,15点整,塔架合拢。到17点果然又下起雨来,天气预报真准。

发射日定在4月7日,但是天气如何却一直是大家关注的一个问题,4月6日晚决定在7日17点50分第一个发射窗口发射。这个

图4-10 精益求精做好发射前的一切准备工作

发射窗口不仅取决于天气,主要还是由卫星上各种仪器的工作条件决定的:比如卫星上主要使用太阳能电源,所装化学蓄电池只能坚持几十分钟,因此它进入轨道后不能长时间在地球的阴影内飞行;又如卫星要根据太阳方位来确定自己的姿态,因此卫星进入轨道后,太阳必须落入卫星太阳敏感器的视场内等。上述这些条件都会对每日的发射时间提出要求,能同时满足所有仪器要求的发射时间段,就是火箭的发射窗口,一般每天也就几十分钟,最多2个小时,有一个或几个时段,一般火箭可选择一个发射窗口,瞄准这个发射窗口最早允许的发射时间,也就是发射窗口的前沿发射。

7日12点30分,根据天气预报情况,决定发射时间不变,这时最后加注的推进剂——液氢加注已接近尾声,一切正常,大家都松了一口气。谁知15点50分,电闪雷鸣,又下起大雨来,真是让人焦急万分。由于种种原因,错过了第一发射窗口,于是决定采用时间较长的第三发射窗口,发射时间推迟至21点30分。

图4-11　"长征三号"运载火箭自西昌发射场点火起飞的连续画面

　　1990年4月7日21点30分,"长征三号"运载火箭第7发准时发射(图4-11),成功地将"亚洲一号"卫星送入预定轨道,卫星准确入轨。这是我国发射的第一颗国外卫星,标志着中国正式进入国际商业发射服务市场,这个胜利真是来之不易啊!

"长征四号"运载火箭

　　作为发射地球同步轨道卫星的备份火箭,上海航天局自1979年起,用了10年的时间研制成功了"长征四号甲"和"长征四号乙"运载火箭,代号CZ-4A和CZ-4B。与"长征三号"非常类似,"长征四号甲"运载火箭也是在"长征二号"的基础上增加一个第三级形成的,火箭一级和二级继承了"长征二号"和"长征二号丙"的成熟技术;但是与"长征三号"不同的是,增加的火箭第三级使用了与一、二级相同的常温液体推进剂,安装2台可双向摆动的发动机,每台真空推力约50千牛。全箭加注后总质量约240吨,起飞时发动机总推力达2940千牛,火箭全长42米,可以把1600千克的有效载荷送入900千米的太阳同步轨道, 还可以把3800千克的有效载荷送入高400千米、倾角70°的低地球轨道。

　　这里,太阳同步轨道是指轨道平面围绕地球旋转轴旋转的角速度与地球围绕太阳公转的角速度基本相同的轨道,卫星在这个轨道上运动,以同一方向飞经同一纬度地区时,相应经度与太阳所在经度之差,可基本保持不变,即当地太阳时基本保持不变,比如都是早上9点钟,或下午4点钟。这样,每次经过指定地区,比如我国所在的北半球中纬度地区,日照条件基本一致,十分有利于卫星获取下面云层的图像,也有利于卫星对地面进行观测。

　　怎样使卫星飞行的轨道达到与太阳同步呢?这是通过选择轨道倾角实现的。原来只有在地球是均匀圆球,地球引力都指向地球中心时,卫星运动的轨道平面才能在空间保持固定方向,不围绕地球转动,并保持轨道不变。但是,地球不是一个均匀圆球,而是一个赤道部位向外突出的扁球,这样卫星受到的地球吸引力将偏向赤道方向,结果使卫星轨道平面围绕地球旋转轴旋转,旋转方向随轨道倾角变化,轨道倾角小于 90°时,自东向西旋转,轨道倾角大于 90°时,自西向东旋转,角速度与轨道高度和轨道倾角有关。我们知道,如果把地球作为中心,太阳围绕地球旋转的轨道与赤道面的夹角,就是南、北回归线的纬度,大约为 23.5°,太阳在这个轨道上围绕地球旋转一圈需要 365.25 天,每天自西向东平均转过约 0.98°。因此,根据卫星的轨道高度,可以选择一个轨道倾角,使其轨道平面围绕地球旋转轴旋转的角速度,也为每天自西向东转过约 0.98°,这样就使卫星飞行的轨道达到与太阳同步了。由于地球围绕太阳公转的角速度不大,一般太阳同步轨道的倾角都不会比 90°大很多。900 千米高度的太阳同步轨道,轨道倾角约为 99.0°。

1988 年 9 月 7 日,在太原卫星发射中心,"长征四

图 4-12 "长征四号甲"运载火箭竖立在发射台上

号甲"运载火箭(图4-12)成功地将我国的第一颗试验气象卫星送入高约900千米的太阳同步轨道。两年之后,"长征四号甲"又成功地将第二颗气象实验卫星送入同样的轨道(图4-13)。后来根据要求,"长征四号甲"运载火箭又进行了技术改进,以提高可靠性、性能和适应能力,改进后的"长征四号甲"运载火箭被称为"长征四号乙"。到2006年12月,"长征四号甲"和"长征四号乙"运载火箭一共进行了12次发射,均取得了成功。目前它主要从

图4-13 "长征四号甲"运载火箭发射的"风云一号"气象卫星

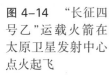

图4-14 "长征四号乙"运载火箭在太原卫星发射中心点火起飞

表 4-2　"长征四号"运载火箭发射的历史情况

火箭名称	火箭编号	有效载荷	发射时间	发射场	备注
长征四号甲	Y1	风云一号	1988.09.07	太原	成功
长征四号甲	Y2	风云一号	1990.09.03	太原	成功
长征四号乙	Y2	风云一号/实践五号	1999.05.10	太原	成功
长征四号乙	Y1	资源一号 01 星	1999.10.14	太原	成功
长征四号乙	Y3	资源二号 01 星	2000.09.01	太原	成功
长征四号乙	Y5	风云一号 D 星/海洋一号卫星	2002.05.15	太原	成功
长征四号乙	Y6	资源二号 02 星	2002.10.27	太原	成功
长征四号乙	Y4	资源一号 02 星/创新一号卫星	2003.10.21	太原	成功
长征四号乙	Y7	遥感卫星	2004.09.09	太原	成功
长征四号乙	Y8	资源二号 03 星	2004.11.06	太原	成功
长征四号乙	Y9	遥感卫星	2006.04.27	太原	成功
长征四号乙	Y10	遥感卫星	2006.10.24	太原	成功
长征四号乙	Y11	资源一号 03 星	2007.09.19	太原	成功

太原卫星发射中心发射对地观测卫星(图 4-14)。

"长征四号"运载火箭发射的历史情况见表 4-2。

第五章　我国首枚捆绑式火箭

18个月拼搏

"长征二号"运载火箭经多次改型,发展出多种型号、多种技术状态的火箭,多年使用,大量发射,证明其高度可靠,受到广泛欢迎。

但是"长征二号"运载火箭的运载能力已经发展到顶,火箭起飞推力2960千牛,起飞质量240吨,已经不能再增加。如何以高度可靠的"长征二号"运载火箭为基础,研制运载能力更大的运载火箭,以适应我国航天事业发展和国外发射市场的需求,这是航天人考虑多年的问题。经过大量分析论证,答案有了,他们提出了以"长征二号"运载火箭为基础,研制新型捆绑火箭的方案。即将"长征二号"运载火箭一级和二级都适当加长,使一级推进剂加注量增加43吨,二级推进剂加注量增加50吨,同时再在周围捆绑4个较小的火箭,每个小火箭安装一台与中间芯一级相同的发动机,推力740千牛,直径2.25米,长15.3米,加注约38吨推进剂,起名叫"长征二号捆"运载火箭,代号CZ-2E。这里,周围捆绑的4个较小的火箭,作用是提高整个火箭的推力,帮助火箭起飞和加速飞行,故名助推器。

"长征二号捆"运载火箭,有4个助推器,起飞时有8台发动机点火工作,推力是"长征二号"运载火箭的2倍,达到5920千牛,火箭起飞质量也大大增加,接近460吨,运载能力大为提高(图5-1),低地球轨道运载能力最大可达9500千克。

但是,当时国内没有这么大的卫星或其他航天器需要发射,这个新型捆绑火箭怎样立项研制呢?此时,恰逢美国因"挑战者号"航天飞机爆炸,航天飞机停飞,很多原计划由航天飞机发射升空的卫

图 5-1 "长征二号捆"火箭动力系统专家正
在向年轻同志介绍火箭动力系统

星因而不能按时发射。而此前美国一次性使用的运载火箭也大多废
弃,一时难以恢复;欧洲空间局的"阿里安型"运载火箭任务爆满,一
下也很难满足很多卫星的发射要求。很多卫星制造商和运营商,在
急着寻找运载火箭为他们发射卫星,这真是个好机会。中国航天人
决定抓住这个机会,向世界推出"长征二号捆"火箭,挤进世界航天
发射市场。1986年3~4月,航天工业部代表团即向美国休斯等4家
公司抛出了"长征二号捆"运载火箭方案设想。但是,当时世界其他
航天大国也看到了发射市场缺少运载火箭的形势,他们也在积极筹
备新型火箭的研制,很快将投入发射市场,因此我们的"长征二号
捆"火箭必须抢时间,抢进度,抓紧推出。

　　1988年11月,航天部科技委通过"长征二号捆"火箭方案评审
后,大家很快统一认识,下定决心,决定从1989年1月开始,要在18
个月内完成这个新型火箭的设计和研制工作,争取在1990年下半
年进行首次试验发射。接着便签订了利用"长征二号捆"火箭发射美
国休斯公司生产的澳大利亚卫星的合同。按合同要求,18个月内完

成一种新型火箭的设计和研制工作，这是一个带有很大风险的决定，必须大家团结一心，努力拼搏。但是，为了抢占世界发射市场，为了发展我国的航天事业，航天人就是要拼搏。

航天人18个月完成"长征二号捆"火箭设计和研制的决定，得到中央各级领导的支持。1989年3月11日，当时的航空航天部转发了中央同意用"长征二号捆"火箭发射外星方案的批文，并将这个项目列为国家重点工程。从此，红红火火、热烈而又紧张的研制工作展开了。

尽管可以利用"长征二号"火箭的研制经验和成熟技术，要在18个月内完成一个起飞质量近500吨的大型捆绑型火箭的设计、生产，也是十分紧张的，况且助推器的捆绑、分离技术在我国还是第一次采用，我们并没有成功经验，只能通过大量地面试验，摸索前进（图5-2）。为了抢时间，抢进度，很多设计试验工作都是交叉进行的，同时广大员工还发扬了顽强拼搏的苦干精神，加班加点，三天三夜、五天五夜地连续奋战都是常有的事。就这样，他们在3个月内完成了全箭24套44万张图纸的设计、绘制任务，在14个月内完成了近8000项生产任务，火箭出厂时，运到发射场的产品整整装了4个

图 5-2　科技工作者正在聚精会神地进行火箭姿态控制系统分析

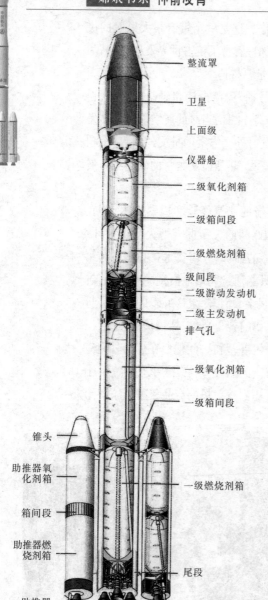

整流罩

卫星

上面级

仪器舱

二级氧化剂箱

二级箱间段

二级燃烧剂箱

级间段

二级游动发动机

二级主发动机

排气孔

一级氧化剂箱

一级箱间段

锥头

助推器氧化剂箱

箱间段

助推器燃烧剂箱

助推器发动机

一级燃烧剂箱

尾段

一级发动机

图5-3 "长征二号捆"火箭的总体结构示意图

专列。时间紧，任务重，怎样保证设计、生产质量？他们从一开始，就明确了火箭研制的质量可靠性目标，这就是：充分继承已有成果，采用成熟和可靠的先进技术，抓好新设计项目和关键技术项目的可靠性设计、试验和设计评审，严把质量关，做到设计方案无反复，生产无返工，管理无疏漏，确保飞行试验一次成功。同时，统一设计思想，加强地面试验，尽量把问题暴露在火箭上天之前，及时采取措施，加以解决。为此，在一年多的研制期间，他们组织、完成了300多项地面试验，为了完成火箭全箭振动试验，弄清火箭振动特性，新建的地下10米，地上50米，长、宽各14米的大型振动塔，也按期抢建完工。1990年4月12日，利用这个新建的大型振动塔，完成了"长征二号捆"运载火箭的全箭振动试验。

助推器的捆绑与分离

技术,是"长征二号捆"火箭研制的核心技术。相关捆绑与分离机构,一方面要将 4 个直径 2.25 米、长 15.3 米、重 40 吨以上的助推器,捆绑在由"长征二号"加长而形成的中心火箭上,帮助推动中心火箭前进;另一方面,在助推器推进剂消耗完毕后,还要能及时将助推器抛掉,其结构复杂,要求可靠性高。经过一年多的研究和试验,相关捆绑与分离机构的设计,以及由此引出的火箭振动特性和控制问题也一一得到解决。

　　此外,诸如直径 4.2 米的大型卫星整流罩,二级发动机增加大喷管,控制系统数字化,以及承重 800 吨的火箭发射台等,也在这一年的奋力拼搏中,一一完成研制。

　　"长征二号捆"火箭的总体结构如图 5-3 所示。按设计,"长征二号捆"火箭的总体参数见表 5-1。

　　与火箭研制的同时,西昌发射场火箭技术测试厂房和发射塔架的建设也在紧张进行,发射场建设按期完成,这也是根据合同要求

表 5-1　"长征二号捆"火箭的总体参数

项目	助推器	芯一级	二子级	全箭
直径(米)	2.25	3.35	3.35	11.45
长度(米)	15.326	28.465	14.223	49.686
推进剂	四氧化二氮和偏二甲肼			
结构质量(千克)	4×2750	13 100	5000	31 070
推进剂质量(吨)	4×37.75	186.28	84.76	422.04
起飞质量(吨)	4×40.754	198.825	89.64	461.57
发动机推力(吨)	4×75.5	302	主机 75.3 游机 4.8	604
比冲(米/秒)	2556.2(地面比冲)	2556.2(地面比冲)	主机 2922.4 游机 2834.1	—
卫星整流罩	直径 4.2 米,长度 10.5 米,重 1970 千克			
有效载荷(千克)	8000			

图 5-4 西昌发射场"长征二号捆"火箭的发射塔

按期发射火箭的重要保证。

建成后的西昌发射场"长征二号捆"火箭发射塔如图 5-4 所示。

越是艰险越向前

经过 18 个月的艰苦拼搏,"长征二号捆"火箭终于研制成功,西昌发射场的建设也按期完成,火箭用火车运至西昌发射场。1990 年 6 月 15 日,在发射场完成了发射前的测试、发射联合演练,同时开始正式发射前的测试工作。同年 7 月 8 日,第一枚"长征二号捆"火箭完成发射前的基本测试检查,加完推进剂,在进行临发射前的最后功能检查和发射控制数据装订后,就可以发射了。不料,在进行临发射前的最后功能检查时,发现控制系统绝缘电阻不合格,经分析这是由于火箭表面结露造成的。7 月份,西昌地区正逢雨季,湿度比较大,温度也高,为了保证推进剂的温度在火箭飞行中能满足发动机的工作要求,在加注前对推进剂进行了降温处理,这样一来加入推进剂后,火箭推进剂贮箱的温度就下降了,比周围环境气温低 7~

8℃,结果箱壁及周围结构就结了很多水珠,集聚起来的水珠流入控制系统的电缆插头,使绝缘电阻降低,便出现了上述问题。

由于火箭过去都是在北方发射,在西昌地区发射是第一次,事先没有预料到会出现这样的问题,准备不足。为了解决上述问题,只能擦去箱壁及周围结构上的水珠,烘干电缆插头上的水分,并不得不推迟发射。但是,屋漏偏逢连夜雨,火箭推迟发射后,工作人员正在处理电缆插头绝缘问题,又发现火箭一级尾舱内推进剂发生渗漏,四氧化二氮的黄烟不断冒出来,这是一个危险的信号,它会使周围的工作人员中毒;另外如果另一种推进剂偏二甲肼也出现泄漏,将会导致发动机尾舱起火,发生大爆炸,将火箭连同发射塔架一起炸毁,这是非常可怕的后果。指挥中心立即决定撤出现场无关人员,完全泄出已加入火箭的所有推进剂,同时组织查找发动机尾舱四氧化二氮渗漏的原因。推进剂泄出后,发动机尾舱四氧化二氮渗漏的部位也找到了,是测量推进剂管路脉动压力的传感器密封垫密封不严,导致四氧化二氮渗漏。密封不严的原因是密封垫材料经不住四氧化二氮的长时间腐蚀,如果不采取措施,将会导致大量泄漏,出现严重后果。

测量推进剂管路脉动压力的传感器共有4个,安装在通向4个发动机的四氧化二氮输送管路上。经研究这4个脉动压力传感器只用来测量四氧化二氮输送管内推进剂的压力和脉动参数,供地面分析使用,并不用于火箭飞行的控制,拆除后不会影响火箭飞行,因此决定拆除这4个脉动压力传感器,再将留下的安装孔用金属堵头堵上,彻底解决密封问题。相关操作由工厂负责火箭尾段组装的工人完成,负责尾段结构设计的设计人员在现场配合。拆除4个脉动压力传感器,虽然工作量并不大,但是操作十分困难,因为火箭尾段内地方狭小,仪器、设备繁多,操作人员转动困难,空气又不流通,特别是火箭内还残留有推进剂及其蒸气,它们不断冒出来,毒性很大,操作中稍不留意,就会中毒,所以操作人员必须穿好防护服,才能进行操作,这样更显得十分笨重,需要几个人把操作人员塞进尾舱,出来时再由几个人把他拉出来。操作环境极差,大家只能轮流操作,每人进舱一次只能工作 10 分钟左右,时间长便难以坚持。工厂负责火箭尾段组装的工人无法完成这个拆装任务,工厂其他岗位的工人大力支援,就这样组成了十几人的抢修组,大家迎着困难、危险上,越是艰险越向前,终于完成了火箭的抢修任务。火箭抢修任务完成了,抢修组的同志们却倒下了,其中 12 人中毒,送医院抢救,有一位工人因中毒过重,为抢修心爱的火箭献出了自己宝贵的生命。图 5-5 是"长征二号捆"竖立在发射台上的雄姿。

火箭抢修完成后,控制系统电缆插头绝缘问题也得到了解决,在重新检查了火箭各系统的功能后,又加入推进剂。1990 年 7 月 16 日,工人们冒着生命危险完成抢修的第一枚"长征二号捆"运载火箭,再次组织发射,成功

图 5-5 "长征二号捆"火箭竖立在发射台上

地将澳星模拟星和一颗巴基斯坦科学试验搭载星送入了所要求的轨道,发射取得圆满成功。这次成功是许多人辛勤劳动的成果,是工人们生命的结晶。

澳星发射成功

　　"长征二号捆"火箭第一发按合同要求试验发射成功后,大家立即总结经验,研究采取措施,改进设计,解决第一发在发射场测试和发射中所出现的问题,准备第二发正式发射休斯公司生产的澳大利亚卫星。

　　经过一年多的改进设计和重新生产,1992年初,第二发"长征二号捆"火箭生产出来,运抵西昌发射场,不久休斯公司生产的澳大利亚卫星也运到了,经过紧张的检查测试,双方商定3月22日下午北京时间18点40分发射。

　　长征运载火箭发射外星的活动,是在全国人民的支持下进行的,也受到全中国人民的关注,航天人对自己的发射也很自信,决定通过中央电视台转播发射实况。

　　3月22日,火箭和卫星经严密检查测试,状态完好,加好推进剂的火箭从电视画面上看得很清楚,发射前的最后检查和准备工作,正在紧张而有序地进行着。18点40分,发射的时间到了,一声点火令下,火箭点火,尾部立即喷出熊熊烈焰,大家都凝神注目,等待火箭起飞,冲上蓝天。但是好像过了很久,火箭却没有飞起来,并且尾部发动机的喷焰很快消失。这是怎么回事?火箭怎么没有起飞?大家都带着很大疑惑离开了电视机。

　　发动机点了火,又关机了,火箭没有起飞,这是怎么回事呢? 是火箭出故障了,发动机推力不够。为了避免火箭出现更大问题,使发射受到更大损失,点火起飞故障自动关机系统实施紧急关机,自动控制关闭了所有发动机,所以火箭才没有离开发射台,卫星也完好无损。

图 5-6　澳大利亚卫星在往发射塔转运途中

虽然火箭没有离开发射台,卫星也完好无损,但是第二发"长征二号捆"火箭没有按要求将卫星送入轨道,发射失败了,必须查明原因,才能再次组织发射。

火箭紧急关机后,地面操作人员立即在发射领导小组的指挥下,"冻结"了地面设备状态,并进行了安全处理。此后又"冻结"了火箭状态,以便保持现场,查找故障。

经分析相关无线电遥测数据、勘察现场并拆解发动机检查后发现,火箭确实是在地面紧急关机控制指令的控制下关闭所有发动机的,地面发出紧急关机指令的原因是4个助推器中,第一和第三两个助推器的发动机在点火后又误关机,因之发动机推力不够,火箭不能在预定时间内起飞。

为什么第一和第三两个助推器的发动机在点火后又会误关机呢?为了查清相关原因,成立了故障分析组,分析了可能的故障模式,然后逐一进行分析、查找和试验。试验结果证明,控制点火电路中的程序配电器的一个接点上有多余物铝屑,它使接点接触不良,产生高温电火花,烧熔接点上的金属或多余物铝屑,接通电源,并使控制第一和第三两个助推器发动机关机的电爆管通电爆炸,导致两个发动机错误关机。

通过大量分析和试验,故障原因终于查清楚了,就是一个小小的多余物:铝屑。为了防止类似事件再度发生,从上到下,制定了一系列严格控制多余物的措施,同时改进了程序配电器的设计,从设计和工艺上减少出现多余物的可能性。

火箭故障原因查清后,又开始了第三发火箭的研制和发射准备工作(图5-6)。这次生产进度快了很多,不到4个月火箭就已出厂,运进西昌发射场,上一次没有发射的澳大利亚卫星"澳普图斯B1号",也再次做好发射准备。

1992年8月14日,"长征二号捆"第三发火箭,在西昌发射场二号发射工位发射升空(图5-7),终于成功地将休斯公司生产的澳大利亚第一颗卫星连同它所附加的固体上面级,送入所要求的低地球轨道,并调整好姿态,按要求开始旋转。与火箭分离后,上面级与卫星一起进一步加速旋转,到达赤道上空时,再

图5-7 发射"澳普图斯号"卫星的"长征二号捆"火箭点火后起飞

表 5-2 第三发"长征二号捆"火箭发射"澳普图斯 B1 号"卫星的飞行程序

序号	飞行动作	时间(秒)
1	火箭起飞	0
2	开始转弯	11
3	助推器关机	125.908
4	助推器分离	127.408
5	一级发动机关机	157.793
6	一、二级分离	159.293
7	抛卫星整流罩	200.293
8	二级主发动机关机	461.584
9	二级游动发动机关机	571.584
10	火箭二级开始调整姿态	579.293
11	火箭姿态调整结束	655.293
12	卫星与火箭分离	675.284

点燃上面级固体发动机，将卫星送入所要求的地球同步转移轨道。由于这个卫星原设计是采用航天飞机发射升空的，所以这种发射方式与航天飞机的发射方式基本相同。

澳大利亚第一颗卫星"澳普图斯 B1 号"，连同其附加的固体上面级，发射总质量约 7660 千克。按设计，"长征二号捆"第三发火箭发射"澳普图斯 B1 号"卫星的飞行程序见表 5-2，发射轨道特征参数见表 5-3。

卫星与火箭分离后，进入近地点高 200 千米、远地点高 1050 千米、倾角 28°的低地球轨道，轨道近地点辐角 127.7°。

卫星为什么连连爆炸

"长征二号捆"第三发火箭于 1992 年 8 月 14 日成功地将澳大利亚第一颗卫星"澳普图斯 B1 号"送入预定轨道后，按合同要求，又

表5-3 "长征二号捆"第三发火箭发射"澳普图斯B1号"卫星的发射轨道主要特征点参数

特征点	助推器关机	助推器分离	芯一级关机	一二级分离	抛卫星整流罩	二级主发动机关机	二级游动发动机关机	卫星与火箭分离
飞行时间(秒)	125.908	127.408	157.793	159.293	200.293	461.584	571.584	675.284
高度(千米)	50.273	51.683	81.850	83.427	122.463	219.443	210.781	204.142
航程(千米)	45.085	47.210	99.836	102.945	193.321	1229.541	2017.310	2779.633
地心纬度(度)	28.03	28.03	27.96	27.96	27.84	26.34	24.83	22.962
经度(度)	102.48	102.50	103.03	103.06	103.97	114.30	121.97	129.185
相对地面速度(米/秒)	1694.3	1721.8	2344.1	2346.1	2537.7	7205.3	7584.1	7593.2
绝对速度(米/秒)	2048.89	2077.48	2718.38	2721.22	2931.27	7629.37	8007.38	8015.99
速度倾斜角(度)	27.20	26.98	22.85	22.62	17.09	-0.40	-0.62	-0.222
飞行方位角(度)	96.18	96.22	96.99	97.01	97.33	99.91	103.38	106.484
火箭俯仰角(度)	32.68	32.28	27.24	27.24	23.11	-15.88	-28.19	-84.54
火箭偏航角(度)	0	0	0	0	4.78	4.59	4.08	19.39

于当年 12 月 21 日组织第四次发射，计划利用"长征二号捆"第四发火箭，将澳大利亚第二颗卫星"澳普图斯 B2 号"送入所要求的轨道。但是卫星在火箭起飞后 47.8 秒发生爆炸，火箭卫星整流罩也被炸坏，火箭仅将残留的卫星碎块送入预定轨道。一年多后，直到 1994 年 8 月 28 日才又组织第五次发射，利用"长征二号捆"第五发火箭，将澳大利亚第三颗卫星"澳普图斯 B3 号"送入所要求的轨道，发射圆满成功。这样，发射澳大利亚两颗卫星的合同，自 1992 年 3 月 22 日首次发射，历时近两年半，才算最后完成。接着执行发射亚洲太平洋卫星通信公司"亚太 2 号"卫星的合同，1995 年 1 月 26 日，"长征二号捆"第六发火箭又从西昌发射场发射升空，但是火箭起飞后约 50 秒卫星又发生爆炸，并破坏了火箭的二级结构，导致火箭一起爆炸。此前，"长征二号捆"第四发火箭发射澳大利亚第二颗卫星"澳普图斯 B2 号"时，卫星也是在火箭起飞后约 50 秒爆炸的。卫星为什么会连连爆炸呢？这是用户也是我们非常关心的问题，卫星爆炸的原因必须彻底查明。

经过几个月的认真分析，卫星爆炸的原因终于找到了。原来是卫星在火箭的振动下引起强烈共振，结果使卫星结构破坏，推进剂发生爆炸(图 5-8)。这个过程是在火箭起飞后 50 秒前后，飞行速度跨过音速时发生的。坐过飞机的一些人可能看到过飞机飞行中翅膀抖动的情况，这是在空气动力作用下，不

图 5-8　分析火箭振动环境

太硬的飞机翅膀上常见的,专业上称为抖振。火箭在大气层中飞行,速度接近声音在空气中传播的速度(在地面这个速度约为 340 米/秒)时,所受到的空气动力将急剧增加,迎角越大,受到的横向作用力越大,形成对火箭的强烈冲击。火箭在跨音速空气动力的作用下,即会产生强烈振动,这个振动也会通过卫星支架传到卫星上,这时如果卫星的结构和部件振动频率与火箭振动频率接近,就会产生共振,并且振动被迅速放大,导致卫星结构破坏。为了避免这种情况发生,应通过数值分析了解卫星在火箭振动环境下振动的情况,这就是常说的振动耦合分析。如果发现可能出现共振,就应改进卫星的结构设计,加以回避。发生爆炸的"澳普图斯 B2 号"卫星和"亚太 2 号"卫星都是美国休斯公司设计生产的,在先前与该公司的技术协调中,中方已提供了火箭与卫星对接面上的振动数据,但是没有引起对方注意,对方没有以此为输入条件,结合卫星的结构特性进行必要的计算分析。而在外星发射技术协调的初期,由于要求技术上保密,对方没有向我方提供振动耦合分析所需要的卫星结构特性数据,所以我方也没有条件作相关分析工作。因此,卫星在火箭的振动下会引起强烈共振的情况没有被发现,结果导致了卫星爆炸。

但是,"澳普图斯 B1 号"和"澳普图斯 B3 号"卫星也是美国休斯公司设计生产的,用"长征二号捆"第三、第五发火箭发射,为什么没有发生爆炸呢?这要从西昌地区高空风的变化规律说起,大家可能注意到了,"长征二号捆"第四、第六发火箭与第三、第五发火箭,发射的季节不同。卫星爆炸的第四发火箭是 12 月 21 日发射的,第六发火箭是 1 月 26 日发射的,都是在冬季;而卫星没有爆炸的第三发火箭是 8 月 14 日发射的,第五发火箭是 8 月 28 日发射的,都是在夏季。西昌地区的高空,在火箭飞行速度跨过音速的 7 千米到 10 千米高度上,正是最大风速区,属北半球中纬度地区西风急流的南部分支,变化非常有规律:冬季 11 月至次年 2 月风速最大,可达到 80 米/秒以上,是经常袭击我国沿海地区台风风速的 3 倍;其他月份,

特别是夏季7月和8月，风速最小，一般不到30米/秒。过去，在火箭发射轨道设计中，都不考虑高空风的影响，认为空气相对地面是不运动的，为了减小火箭飞行中受到的空气动力，特别是垂直火箭纵轴的气动升力，往往将发射轨道设计成零迎角的，即让火箭正对气流向前飞，保持理论迎角为零。这样在有风时，火箭的迎角就不是零了，冬季高空风大，迎角也大，火箭受到的气动升力就大，在火箭飞行速度接近音速时，气动升力急剧增加，对火箭形成很大冲击，也会引起火箭剧烈振动。卫星在火箭的剧烈振动下，也剧烈振动，最后导致结构破坏，发生爆炸。相反，夏季高空风比较小，火箭在风中飞行迎角也小，受到的气动升力小，气动升力变化对火箭的冲击小，火箭振动小，卫星就挺过去了，所以没有发生爆炸。

"长征二号捆"再度辉煌

弄清了卫星连连爆炸的原因，总结经验教训，火箭和卫星的振动耦合分析成了每次对外发射服务技术协调的重要内容。外商不再把卫星结构特性数据作为他们的技术秘密加以保密了，而是主动地向我们提供，要求我们进行详尽的振动耦合分析，并把分析结果提供给他们，作为他们卫星结构设计和试验的一个重要依据。同时他们还把卫星的温度特性数据提供给我们，要求我们分析卫星在火箭热环境的影响下，特征点温度的变化情况，供他们进行卫星热控设计时参考。另外，为了改善火箭的振动环境，提高火箭飞行的可靠性，"长征二号捆"火箭也进行了相应的设计改进，首先是采取措施，提高了火箭卫星整流罩的结构强度，使它能够承受更大的横向载荷冲击。其次是加强西昌发射场高空风资料的搜集和测量工作，在发射轨道设计和计算火箭飞行控制装订数据时，要考虑高空风的影响，设定接近火箭发射时高空风变化情况的高空风典型风场。同时，在火箭发射前，对发射场高空风进行监测，并以此为依据，计算检查火箭飞行中可能受到的横向冲击，如果超出火箭的设计限制，就推迟发射。图5-9是技术人员正在认真观察试验状况的情景。

采取这些措施后，"长征二号捆"第七发火箭于1995年11月28日发射，将亚洲卫星公司的"亚洲卫星2号"送入要求轨道。

紧接着，"长征二号捆"第八发火箭又于1995年12月28日将亚洲卫星公司的"回声101号"卫星送入所要求的轨道。上述两次发射都是在高空风较大的冬季组织实施的，两次发射均取得圆满成功。

多次发射证明，"长征二号捆"火箭，从西昌发射场发射有效载荷进入上述轨道倾角28°的类似轨道，运载能力不低于9.5吨。

"长征二号捆"火箭的研制、发射成功，使我国掌握了火箭的捆绑和横向分离技术，以及相关的力学环境预测和控制技术，为我国今后研制更大型、更先进的运载火箭打下牢固的技术基础，使我国运载火箭的低地球轨道运载能力，从"长征二号"火箭的不足4吨，一下增加到8吨，不但提高了我国火箭在世界航天发射市场上的竞争地位，同时也为我国以后发展载人航天技术，实现载人航

图5-9 中、外技术人员在认真观察试验情况

图5-10 工人在火箭部件加工中仔细琢磨，确保加工质量

天,打下了牢固的基础。抚今思昔,取得这一切成就真是谈何容易啊(图 5-10)!

从 1990 年 7 月至 1995 年底,5 年多来"长征二号捆"火箭共生产 8 枚,组织 8 次发射,成功地将 5 颗外国卫星送入轨道,具体情况统计见表 5-4。

表 5-4 "长征二号捆"火箭历次发射情况统计

火箭代号	发射时间	有效载荷	结果
CZ-2E.Y1	1990.07.16	模拟星+巴基斯坦搭载卫星	成功
CZ-2E.Y2	1992.03.22	澳大利亚"澳普图斯 B1 号"卫星+固体上面级	起飞故障发射中止
CZ-2E.Y3	1992.08.14	澳大利亚"澳普图斯 B1 号"卫星+固体上面级	成功
CZ-2E.Y4	1992.12.21	澳大利亚"澳普图斯 B2 号"卫星+固体上面级	卫星爆炸火箭入轨
CZ-2E.Y5	1994.08.28	澳大利亚"澳普图斯 B3 号"卫星+固体上面级	成功
CZ-2E.Y6	1995.01.26	亚洲太平洋公司"亚太 2 号"卫星+固体上面级	卫星爆炸火箭爆炸
CZ-2E.Y7	1995.11.28	亚洲卫星公司"亚洲卫星 2 号"卫星+固体上面级	成功
CZ-2E.Y8	1995.12.28	"回声 101 号"卫星+固体上面级	成功

第六章 我国的新型低温火箭

"长征三号甲"系列的来历

20世纪70年代,为了发展自己的卫星通信技术,我国开展了第一期卫星通信工程,代号"331工程","长征三号"运载火箭和"东方红二号"卫星相继诞生。作为我国第一个地球同步通信卫星,"东方红二号"卫星较小,质量仅1300千克左右,只有4个转发器,不能满足国内日益发展的卫星通信事业的需要。随着通信技术的发展,需要研制、发射更为先进的地球同步轨道通信卫星。为了加速发展我国的卫星通信事业,1986年2月,中央决定开展我国第二期卫星通信工程,研制具有20世纪80年代技术水平的最新的通信卫星——"东方红三号",并同步研制相应的运载火箭"长征三号甲"(代号CZ-3A)。第二期卫星通信工程于当年3月31日批准立项,5月31日正式命名为"862"工程。"东方红三号"卫星,代号DFH-3,发射质量约2.2吨,设计寿命8年,要求"长征三号甲"运载火箭将其送入倾角28.5°、近地点高200千米、远地点在地球赤道上空、高36193.5千米的地球同步转移轨道。

1986年初,中国运载火箭技术研究院上报了《CZ-3A方案论证及运载火箭规划》,明确了我国大型运载火箭的下一步发展,应在"长征三号"运载火箭的基础上,走"上改下捆、先改后捆"的发展道路。第一步先"上改",改进"长征三号"使用液态氢和液态氧的第三级,研制"长征三号甲"运载火箭;第二步再"下捆",以"长征三号甲"为芯级,周围捆绑4个液体火箭作助推器,形成"长征三号乙"运载火箭,代号CZ-3B;捆绑2个液体火箭作助推器,形成"长征三号丙"

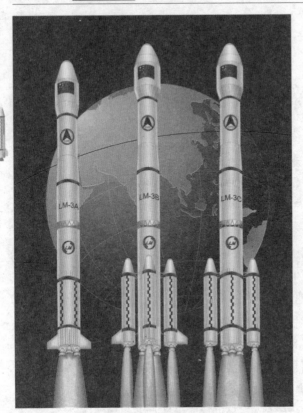

图6-1 "长征三号甲"系列运载火箭示意图

运载火箭，代号CZ-3C。"长征三号甲"、"长征三号乙"和"长征三号丙"运载火箭都使用同样的氢氧三子级，同样的控制系统仪器，主要任务都是发射地球同步通信卫星进入地球同步转移轨道，称为"长征三号甲"系列运载火箭，或CZ-3A系列运载火箭（图6-1）。从此，提出了研制"长征三号甲"系列运载火箭的任务，同时"长征三号甲"运载火箭正式开展研制。

经过8年的奋力拼搏，1994年2月8日，"长征三号甲"运载火箭首次飞行试验，一箭发射双星，将"夸父一号"模拟星和"实践四号"卫星成功送入"东方红三号"卫星要求进入的地球同步转移轨道。我国高轨道新型运载火箭诞生了，它使我国运载火箭的地球同步转移轨道运载能力达到2600千克，也为"长征三号甲"系列运载火箭中的"长征三号乙"和"长征三号丙"的研制打下了技术基础。

突破四大关键技术

"长征三号甲"运载火箭的研制是一项庞大的系统工程，自1986年开始研制起，至1994年2月首次发射成功，历时8年，投入数亿人民币的资金以及数千人力,进行了艰苦的技术创新,攻克了100多项关键技术,获得巨大的技术进步,特别值得一提的是氢氧发动机、氢能源伺服机构、冷氦增压系统以及四轴惯性平台四大关键技术。

氢氧发动机

"长征三号甲"运载火箭上的三子级氢氧发动机,是并联安装的两台全新发动机,可以二次启动,每台推力约80千牛,均可双向摇摆,代号YF-75。它使用的推进剂——液氢和液氧,本身无毒,无腐蚀性,是洁净的非自燃推进剂,其燃烧产物水对环境也不会产生污染。

YF-75氢氧发动机的系统原理参见图6-2。

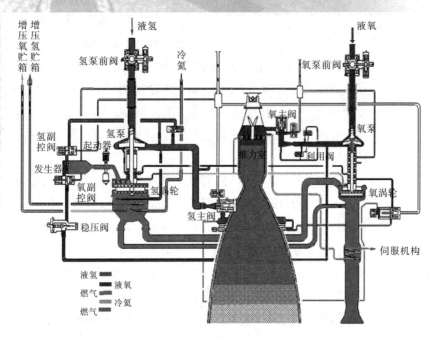

图6-2 YF-75氢氧发动机系统原理图

图 6-3　YF-75 氢氧发动机的身影

一台 YF-75 发动机每秒消耗液氢约 3 千克,液氧约 15 千克。液氢、液氧分别从氢箱和氧箱流出,经各自的输送管、发动机泵前阀,又分别进入液氢泵和液氧泵加压。此后,高压液氢流经氢主阀、推力室冷却套变为气氢,在推力室氢头腔经氢喷嘴进入推力室;高压液氧流经氧主阀,在推力室氧头腔经氧喷嘴后雾化进入推力室。氢和氧在推力室混合、燃烧,变成 3000℃以上的高温、高压燃气,再从喷管高速喷出产生推力。另外从氧泵和氢泵后各引一小股液氢和液氧,经氢副控阀门和氧副控阀门,进入燃气发生器燃烧,变为富氢的约 600℃的燃气,用来先吹动氢涡轮,再吹动氧涡轮,给两个泵提供能源。液氢涡轮泵和液氧涡轮泵各自独立。发动机通过电磁阀控制氦气来操作液氢和液氧管路上的阀门,包括氢副控阀、氧副控阀、氢主阀和氧主阀,完成发动机两次启动和关机的程序。

图 6-3 所示的便是 YF-75 氢氧发动机。照片中上面几根斜拉杆是安装发动机的机架,它们又与火箭三级液氧箱的下端框连接,发动机产生的推力就是通过机架传递到三级火箭上的。机架往下是发动机的头部,包括燃气发生器、涡轮泵、在各种管路和控制线路包围中的推力室等。再下面发亮的就是大喷管了,在推力室中燃烧后产生的高温、高压燃气,就是从这里喷出,产生巨大的推力,推动火箭加速前进的。两个大喷管的中间有两根细一些的管子,它们是供推动涡轮作功后的废气排出用的,也能产生一小部分推力。

YF-75 发动机从 1986 年 3 月开始研制,1994 年 2 月 8 日参加"长征三号甲"第一次飞行试验,历时 8 年(图 6-4)。期间从 1989 年 8 月 31 日首次发动机热试车开始,耗时 55 个月,共用 20 余台发动机,进行了近百次试车,解决了大量技术问题。

YF-75 发动机居"长征三号甲"四大关键技术之首,有很多技术进步,现将其中主要的三项介绍如下:

(1) 双涡轮泵推进剂供应系统 YF-75 发动机氢、氧涡轮泵,采用燃气发生器动力循环,从氢、氧泵后各引一小股液氢和液氧进入燃气发生器燃烧,产生的燃气先全部去吹动氢涡轮,带动氢轴上的氢泵以约 40 000 转/分的速度旋转。吹动氢涡轮后,燃气分成两股,其中一股去吹动氧涡轮,带动氧轴上的氧泵以约 18 000 转/分的速度旋转,另一股直接排入涡轮废气排气管。这就是双涡轮燃气串联方案。它的优点是两个涡轮泵都可选择各自的最佳工作参数进行研制,互不干扰,同时避开了高速、大功率、低温齿轮传动机构的冷却、润滑等种种难题。

双涡轮泵系统当时在我国首次使用,缺乏实际使用经验。研制中通过复杂的调整计算确定参数,再用常温氢气推动涡轮,氢泵打液氢、氧泵打液氧进行冷调试验,然后进行整机地面热试车。经过反复试验,最后研制成功了性能优良的双涡轮泵推进剂供应系统。它的研制成功,使我国液体火箭发动机系统设计达到了国际先进水平,并为今后研制更大推力的氢氧发动机提供了宝贵的经验。

图 6-4　发动机系统设计专家介绍氢氧发动机技术

（2）高性能新一代氢氧推力室　推力室由燃烧室和喷管组成，是推进剂燃烧、产生推力的装置。推进剂在燃烧室内雾化、混合、燃烧，产生高温、高压的燃气，经过喷管膨胀、加速后，以超声速喷出而产生推力。

从氢泵出口来的高压液氢，经过氢主阀门进入推力室冷却套，保护推力室内壁在与推力室内高温、高压燃气接触时不会被烧坏，同时液氢在冷却套内被加温变成气氢，通过推力室氢头腔的喷嘴喷入推力室身部。从氧泵出口来的高压液氧经过氧主阀，直接进入推力室氧头腔，通过氧喷嘴雾化成很细小的液滴进入推力室身部，并与氢气充分混合和燃烧，变成高温、高压燃气——水蒸气。燃气在推力室的喉部达到声速，在喉部之后的喷管内变为超声速，完成从化学能，到热能，再到动能的转换，给火箭提供推力。

YF-75 发动机推力室的身部采用一种特殊的合金材料，它的导热系数比不锈钢高出很多倍；有关人员用一种特殊工艺，解决了这种特殊合金材料的推力室身部与不锈钢推力室头部的焊接问题，达到了国际先进水平。

（3）螺旋管束式喷管延伸段　螺旋管束式喷管延伸段也叫大喷管，其质量仅 43 千克。它装在推力室的出口端，喷管和推力室用法兰盘连接，使发动机的喷管面积比大大增加，燃气流速可从约 3500 米/秒增加到约 4250 米/秒，从而使发动机在每秒消耗同样多推进剂的条件下，推力提高约 8.6%。

大喷管由很多根耐热合金材料制成的矩形螺旋管缠绕后焊接而成，每一根螺旋管长 3 米以上，管壁很薄。该材料焊接性能良好，各管间在外表面焊接起来。一个螺旋管束式大喷管焊缝总长度超过 800 米，焊缝总面积约占喷管型面的 60% 以上。因此在生产过程中对焊接技术要求很高，操作人员必须经过专门训练。

其所以采用矩形中空螺旋管缠绕焊接成大喷管，是为了让小股液氢流经每根中空的螺旋管内部，以对大喷管进行冷却，防止喷管内高温燃气烧坏大喷管。

氢气动机伺服机构

伺服机构的作用是摆动发动机,改变其推力方向,控制火箭按要求飞行。它是机电一体化的精密控制装置,由油源组件和伺服作动器两大部分组成。油源组件为伺服作动器提供液压能源。伺服作动器根据控制信号,将油源组件的液压能转换成推动发动机摇摆的机械能。

"长征三号甲"三子级有两台可双向摇摆的 YF–75 发动机,伺服机构也有对应的两套。每一套分两个部件,分别控制两个方向的摇摆,具体构成如图 6-5 所示。其中,一个部件上有油源组件和伺服作动器(图中上面一个),另外一个部件只有伺服作动器(图中下面一个),共用一个油源组件。

"长征三号甲"火箭三级伺服机构开发和采用了多项新技术,主要有:

(1) 氢气动机技术 采用发动机氢泵后低温氢气,带动伺服机构的气动机,以 10 000 转/分以上的速度高速旋转,通过油泵将氢气能变换成油压能。它开创了一种对发动机影响小、能源利用率高的途径,解决了在干摩擦条件下的叶片选材难、运行寿命短、运行中易卡死、低温启动困难等多个技术难题。

(2) 液压能源冗余设计 采用两套伺服机构液路沟通的方法,实现液压能源的冗余设计。当

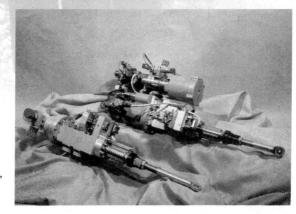

图 6–5 "长征三号甲"
火箭三子级伺服机构

一台气动机出故障时,另一台气动机的液压能仍可保证两套伺服机构正常工作,大大提高了系统的可靠性。

(3) 伺服机构液压锁 开发了伺服机构液压锁,保证在火箭一、二级飞行期间,三子级还没有工作时,三级发动机处在锁定位置;当三级发动机工作时又能做到安全开锁,实施正常摇摆,解决了三级发动机大喷管在火箭一、二级飞行期间可能相撞的难题。

(4) 地面氦气贮能 在火箭起飞前用地面氦气驱动气动机进行液压贮能,并利用该贮能作为三子级启动段无氢气供给时,摇摆发动机的能量来源。

氢气动机伺服机构的研制成功,标志着我国伺服机构技术达到了世界先进水平。

贮箱冷氦增压

"长征三号甲"三子级液氧箱冷氦加温增压系统,是把贮有200多个大气压高压氦气的气瓶安装在液氢箱中,使气瓶中的氦气温度降至液氢温度,这样气瓶中的氦气密度大大提高,同样容积的气瓶可装氦气量比常温下多6倍,从而使气瓶数量减少,气瓶质量减轻。当三子级发动机工作时,高压、超低温的冷氦气通过低温电磁阀、再经过低温减压器降至约12个大气压,然后进入发动机氦加温器加温后,再经过压调器进入液氧给贮箱增压。压调器用氧箱压力反馈来调节阀门开度,改变增压氦气流量,保证氧箱压力基本稳定,以满足液氧箱增压要求。

氧箱采用冷氦增压,增压系统质量减轻了近200千克,火箭运载能力相应提高。同时,由于液氦沸点比液氢还低,在液氧温度条件下不会被冷凝;加温后的氦气与液氧及相应箱体接触时,换热也非常小,这对保持液氧和液氢品质都有好处;同时三子级在长时间滑行段氧箱压力不下降,发动机再次启动时氧箱也不需要再补压。

　　冷氦增压系统在研制过程中攻克了一系列技术难关,包括液氢温度下,高压冷氦气瓶的设计、制造、试验技术,高压、超低温电磁阀的密封和低温超导引起的电阻补偿技术。此外还解决了超低温减压器的启动冲击和振动问题,低温压调器压力控制的灵敏度和精度问题,以及冷氦增压系统的使用安全问题等。

　　经过一系列技术攻关, 冷氦加温增压系统参加了 1993 年 1~4 月的动力系统试车实际考核,取得了圆满成功(图 6-6)。在后来"长征三号甲"的历次飞行试验中,也证明该系统工作良好。

　　冷氦加温增压技术不仅在国内是首创的高难技术,即使在国际上也是只有美、日等个别工业发达的国家才能掌握的新难技术。

四轴惯性平台

　　四轴平台系统,是"长征三号甲"火箭的四大关键技术之一。它是"长征三号甲"系列运载火箭控制系统的惯性测量基准,也是火箭的心脏。

　　四轴平台有内环、外环及随动环 3 个框架支撑,加台体轴有 4 个旋转轴,台体上面安装有 2 个陀螺和 3 个加速度表,利用高速旋

图 6-6　"长征三号甲"火箭在测试检查中

转陀螺可以保持它的旋转轴指向固定方向,以测量平台绕 3 个轴的转角,然后平台的电子控制仪器会根据这 3 个转角产生相应的控制信号,控制平台绕 3 个轴转回原来位置,保持平台和它上面安装的 3 个加速度表指向不变。这样平台就提供了一个空间参考基准,相当一个三维直角坐标系,3 个轴所指方向相对空间不动。我们可以通过测量火箭相对平台 3 个轴的转角来测定火箭的姿态,也可以通过平台上安装的 3 个加速度表,测量火箭沿 3 个坐标轴方向运动的加速度,再利用计算机不停计算火箭飞行的速度和坐标,控制火箭的姿态按一定规律变化,并控制火箭发动机的点火和关机时间,从而控制火箭飞行的轨道,使其达到预定要求,保证火箭完成预定的飞行任务。

平台系统仪器包括装箭仪器和地面仪器两部分。装箭仪器如图 6-7 所示,自左至右有平台电子箱、四轴平台本体、平台电源箱。地面仪器有平台对准组合。

平台系统由框架系(台体、内环、外环及随动环)、稳定回路、安装在台体上的惯性仪表、初始对准组合及其他附加电路组成。

平台系统通过调平,使平台的垂直轴与发射点重垂线方向重合;通过方位对准,使平台的 X 轴指向所要求的瞄准方向。调平和方位对准统称初始对准,它们是初始对准组合的任务。初始对准后平台的三轴指向达到与发射点惯性坐标系一致的要求,并由初始对准组合保持到火箭起飞。火箭起飞后,平台系统借助于陀螺和稳定回

图 6-7 "长征三号甲"火箭四轴平台仪器图

路使平台台体稳定于惯性空间,从而提供了火箭飞行的基准——发射点惯性坐标系。

四轴平台系统避免了平台框架自锁缺陷,攻克了任意框架角下平台启动和稳定等多项关键技术,实现了全姿态角工作,满足了火箭变轨、调姿及自旋等大姿态机动飞行的要求,可适应发射双星和任意轨道卫星的需要。

四轴平台全部实现数字化输出,攻克了高精度数字量、全框架角输出等关键技术,为平台取消程序机构,实现灵活机动和高精度的程序控制找到了新途径。

平台系统选择小型化挠性惯性仪表,采用新材料和小型电磁元件,优化设计,以及利用挠性摆式加速度计的重复使用技术,全部电路和二次电源完成集成化,使四轴平台系统的总质量仅为第一代三轴平台系统的1/3。

与当今国内外典型运载火箭的惯性测量系统比较,四轴平台系统的主要功能和性能已达到或接近国际先进水平。

冗余技术是实现系统高可靠度的基本途径,是提高运载火箭可靠性的有力措施,也是火箭控制系统的重要发展方向。自第九发开始,"长征三号甲"运载火箭又采用了平台-捷联主从冗余控制系统。即在原有平台控制系统的基础上,增加激光捷联惯性测量组合,综合利用平台和捷联两套惯性测量系统,以提高控制系统的飞行可靠性。

平台-捷联主从冗余控制系统,在平台、捷联惯性测量组合均处于正常工作状态时,要确保火箭飞行稳定和飞行精度,圆满完成控制任务;当平台发生故障时,能作出故障诊断,切换到捷联惯性测量组合控制,仍可保证火箭完成预定飞行任务。

"长征三号甲"运载火箭

"长征三号甲"运载火箭是三级大型液体运载火箭 (图6-8),一、二子级大致与"长征二号丙"运载火箭相同,三子级是新研制的。

它主要用于发射地球同步转移轨道(GTO)有效载荷,同时兼顾低轨道(LEO)、太阳同步轨道(SSO)等其他轨道有效载荷的发射,也可进行一箭双星或一箭多星发射。

"长征三号甲"火箭的地球同步转移轨道运载能力为 2600 千克(对应 28.5°轨道倾角),低轨道运载能力约 7200 千克(31°倾角、200 千米圆轨道),太阳同步轨道运载能力约 5200 千克(97.4°倾角、500 千米圆轨道)。

"长征三号甲"火箭不加推进剂的质量近 20 吨,加入推进剂后约 240 吨,全长约 52.5 米。一、二子级直径 3.35 米,三子级直径 3.0 米,卫星整流罩直径 3.35 米、长近 9 米。

火箭一子级长约 23.3 米,加注推进剂约 170 吨,安装 4 台推力各 740 千牛的发动机,呈"X"形安装,可沿圆周切向摆动。二子级长约 11.3 米,加注推进剂约 30 吨,安装 2 台发动机,中央的主发动机推力约 740 千牛,游动发动机有 4 个喷管,每个喷管推力约 12 千牛,呈"十"字形安装在主发动机上方周围,也可沿圆周切向摆动。三子级长约 12.4 米,加注推进剂约

图 6-8 "长征三号甲"火箭竖立在发射台上

18吨，安装2台氢氧发动机，单台推力约80千牛，可双向摆动。图6-9是有关人员在现场确认火箭的生产质量。

"长征三号甲"运载火箭结构如图6-10所示。最上面是火箭三子级，自上至下包括卫星整流罩、卫星支架、安装控制系统和测量系统仪器

图6-9　现场确认"长征三号甲"火箭的生产质量

的仪器舱、装填低温推进剂的液氢箱、液氧箱，最下面是2台YF-75氢氧发动机，还有控制它们摇摆的氢气动机伺服机构。

三子级下面是火箭二子级，自上至下包括二级氧化剂箱、箱间段、二级燃烧剂箱，最下面是二级游动发动机和二级主发动机，还有控制二级游动发动机摇摆的伺服机构。将火箭二级和三级连接起来的是二、三级级间段，它同时把三级的2台发动机和尾段的其他仪器设备包裹起来，二、三级分离时，它从与三级液氧箱下端框的连接处分开，由火箭二级带走。

二子级的下面是火箭一子级，自上至下包括一级氧化剂箱、箱间段和一级燃料箱，最下面是一级的4台发动机，还有控制它们摇摆的伺服机构。将火箭一级和二级连接起来的是一、二级级间段，它由上端圆筒段和下面级间杆系构成，下面级间杆系和火箭一级氧化剂箱的上端框连接，上面圆筒段用爆炸螺栓与火箭二级燃料箱的下端框连接，火箭一级飞行时，将火箭一、二级连成一个整体。一级推进剂燃烧完毕发动机即关机，二级发动机点火后，引爆上面的爆炸螺栓，将无用的火箭一级与点火后的火箭二级分开。此后，火箭一级在火箭二级发动机喷焰的推动下离开，并坠落地面，这就是前面提

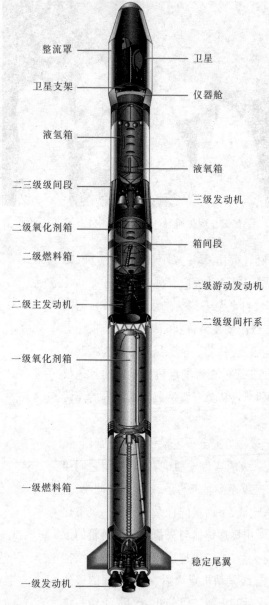

整流罩 —— 卫星

卫星支架 —— 仪器舱

液氢箱

二三级级间段 —— 液氧箱

—— 三级发动机

二级氧化剂箱 —— 箱间段

二级燃料箱

—— 二级游动发动机

二级主发动机 —— 一二级级间杆系

一级氧化剂箱

一级燃料箱

—— 稳定尾翼

一级发动机

图 6-10 "长征三号甲"运载火箭结构示意图

到的热分离方案。级间杆系中间都是透空的,这主要是为了让火箭二级发动机的喷焰能及时排出。

火箭一级发动机的外面是火箭的尾段,它一方面用来保护其中的 4 台发动机和其他仪器设备,同时又用来将整个火箭支撑在发射台上。尾段外面有 4 片稳定尾翼,它们是为提高火箭在大气层内飞行时的稳定性而设计的。

为了看得更清楚,以上介绍的火箭各级发动机,也绘成示意图(图 6-11)。图中黄色的杆状机构即控制发动机摇摆的伺服机构。

"长征三号甲"运载火箭主要由结构系统、动力系统、控制系统、遥测系统和外测安全系统 5 大系统组成。图 6-12 是"长征三号甲"火箭主要部段示意图。五大系统中的动力系统和结构系统

一级发动机　　　　二级发动机　　　三级发动机

图 6-11　"长征三号甲"运载火箭各级发动机构成图

上文已略作介绍，下面介绍一下控制系统、遥测系统和外测安全系统。

火箭控制系统主要由四轴平台和计算机组成，它的任务是控制火箭按要求运动，以完成预定的飞行任务。四轴平台在飞行中不停地测量火箭飞行的参数，包括飞行轨道、飞行速度和飞行姿态，并将这些参数送入计算机。计算机不断计算飞行中要关注的轨道参数及其偏差，根据这些轨道参数及其偏差产生控制火箭运动的指令，控制火箭发动机的摆动方向和角度，使火箭沿预定的轨道飞行，并通过控制火箭发动机点火和关机的时间，来控制火箭飞行的轨道，使其达到预定要求。

火箭遥测系统的作用是在火箭地面测试和飞行过程中，对各系统的工作状态及参数进行测量，为火箭的射前监测、飞行中的安全控制和状态监视、各系统的飞行结果评定提供测量数据。它靠安装在火

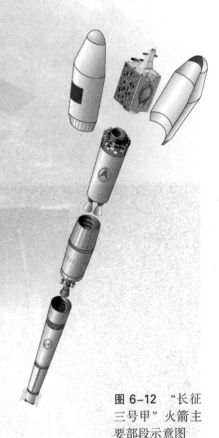

图 6-12　"长征三号甲"火箭主要部段示意图

箭上各个部位的传感器,测出火箭的主要系统——比如发动机和控制系统各仪器的工作参数,如发动机燃烧室压力、仪器工作电压等,再利用火箭上安装的发射机变成无线电信号并发射出来,地面使用接收机接收这些无线电信号,再利用计算机对它们加以处理,使人们随时掌握火箭飞行中各系统的工作情况。它的作用距离可达到上千千米。

火箭飞行轨道参数的测量,又称外弹道测量,简称外测,它主要靠地面雷达进行,火箭上安装的外测应答机予以配合。雷达不断发出无线电信号,火箭上安装的外测应答机接收到雷达信号后,立即发出回答信号;地面安排几个地方接收这些回答信号,利用计算机对这些回答信号进行处理,可以随时测出火箭飞行的速度和位置,作用距离也可达到上千千米。

外弹道测量,在有效载荷入轨前对火箭弹道进行实时测量,对火箭飞行情况进行监测,并提供事后分析的弹道数据;星箭分离后,预报有效载荷的初始入轨参数。

火箭外侧安全系统包括测量系统和安全控制系统两部分:测量部分由应答机、引导信标机、微波网络、天线、控制器、激光合作目标、电池等组成;安全部分由安全指令接收机、天线,功率分配器、安全控制器、引爆器、爆炸器、电池等组成。在一、二级飞行段,根

图6-13 "长征三号甲"火箭发射"东方红三号"卫星——点火起飞

据遥测系统和外弹道测量系统的测量结果，一旦发现火箭发生故障，偏离正常飞行轨道，地面指挥部安全控制系统就会发出安全控制指令，火箭安全控制系统就会根据这个安全控制指令将火箭炸毁。火箭出故障后自行炸毁，还有一条途径，就是火箭姿态控制发现火箭姿态偏差长时间超差，不能控制回来，箭上控制系统会发出姿态自毁指令，火箭安全控制系统接到姿态自毁指令后，也会将火箭炸毁。这样，通过两种途径自行炸毁故障火箭，可以避免火箭落地爆炸，造成地面生命财产的更大损失。

图 6-14 "长征三号甲"火箭发射"风云二号"卫星

　　火箭三级点火后，飞行高度高、速度快，此时火箭如因故障而坠落只能落在远处的太平洋区域，对地面已不构成什么威胁，所以安全控制系统仅需要在火箭一、二级飞行中起作用。安全指令接收机和二级安全控制器安装在二级箱间段，三级安全控制器安装在三级尾段。

　　自 1994 年 2 月 8 日首次发射以来，"长征三号甲"运载火箭已经进行了 14 次发射(图 6-13，图 6-14)，将 15 颗卫星送入所要求的地球同步转移轨道，100%圆满成功。其中最近一次，2007 年 6 月 1 日成功发射"鑫诺 3 号"卫星进入地球同步转移轨道，是我国长征家族火箭的第 100 次发射，它标志着我国运载火箭的发展进入成熟应用阶段。相关发射情况见表 6-1。

表 6-1 "长征三号甲"运载火箭的发射情况

序号	卫星	发射时间	轨道	发射场	结果
1	实践四号和模拟星	1994.02.08			
2	东方红三号通信卫星	1994.11.30			
3	东方红三号通信卫星	1997.05.12			
4	中星 22 号	2000.01.26			
5	北斗导航试验卫星	2000.10.31			
6	北斗导航试验卫星	2000.12.21			
7	北斗导航试验卫星	2003.05.25	GTO	西昌	圆满成功
8	中星 20 号	2003.11.15			
9	风云二号卫星	2004.10.19			
10	中星 22 号 A	2006.09.13			
11	风云二号卫星	2006.12.08			
12	北斗导航试验卫星	2007.02.03			
13	导航试验卫星	2007.04.14	MTO		
14	鑫诺 3 号	2007.06.01	GTO		

注:MTO 为近地点高 200 千米,远地点高 21 650 千米,轨道倾角 55°的转移轨道;GTO 为地球同步转移轨道

　　与"长征三号"火箭发射"东方红二号"卫星的飞行弹道类似,"长征三号甲"火箭发射"东方红三号"及其改型卫星,也是通过火箭一、二级飞行和三级一次工作,使火箭进入高约 200 千米的停泊轨道;此后火箭在停泊轨道上无动力滑行约 600 秒,到达赤道上空后,三级再第二次点火,将卫星送入所要求的地球同步转移轨道。与"长征三号"火箭不同,"长征三号甲"火箭在卫星与火箭分离前,还可以按卫星入轨姿态要求调整姿态,在将卫星调整至要求入轨姿态后,再与卫星分离。

　　"长征三号甲"火箭发射"东方红三号"改型卫星的典型飞行时序见表 6-2,飞行程序如图 6-15 所示。

表 6-2 "长征三号甲"火箭发射"东方红三号"改型卫星的飞行时序

序号	飞行动作	时间(秒)
1	火箭起飞	0
2	开始转弯	12
3	一级发动机关机	146.5335
4	一、二级分离	148.0335
5	抛卫星整流罩	243.5335
6	二级主发动机关机	265.4335
7	二级游动发动机关机	270.4335
8	二、三级分离	271.4335
9	三级一次发动机关机	628.9046
10	三级一次发动机后效结束,滑行开始	632.4046
11	滑行结束,三级二次点火	1232.4046
12	三级发动机二次关机,开始精确控制速度	1363.2572
13	精确控制速度结束,开始调整姿态	1383.2572
14	姿态调整结束,卫星与火箭分离	1463.2572

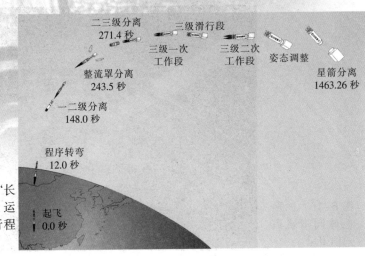

图 6-15 "长征三号甲"运载火箭飞行程序示意图

　　表中,"发动机后效"指发动机关机后残留推力下降至零的过程。比较大的液体火箭发动机,关机后切断了推进剂来源,会很快停止工作,但发动机内残留的推进剂会继续燃烧,高温燃气继续从喷管喷出,尽管推力迅速下降,但并不能立即下降至零,而会维护很短时间,关机后这一段维持推力的过程,就是发动机后效,又称推力后效。发动机后效结束则指发动机关机后推力已下降到零。

　　"长征三号甲"火箭发射"东方红三号"改型卫星的典型发射轨道主要特征点参数,见表6-3。

　　火箭三级一次工作结束时,进入一个倾角29.6°、近地点高约194千米、远地点高约230千米的停泊轨道。卫星与火箭分离时,进入它所要求的地球同步转移轨道,近地点高200千米,远地点高41 991千米,倾角25°,远地点在赤道上空。卫星进入的地球同步转移轨道,倾角与火箭三级一次工作结束时进入的停泊轨道不同,这是因为卫星的发射质量只有2300千克左右,没有达到火箭的最大运载能力2600千克。为了充分利用火箭的技术能力,在三级二次点火后,火箭偏离原飞行平面,进行了侧向机动,结果减小了地球同步

图 6-16 一颗地球同步轨道通信卫星

表6-3　"长征三号甲"火箭发射"东方红三号"改型卫星的发射轨道主要特征点参数

特征点	一、二级分离	抛卫星整流罩	二、三级分离	三级一次工作结束	二次点火	三级二次关机	精确控制速度结束	卫星与火箭分离
飞行时间(秒)	148.0335	243.5335	271.4335	632.4046	1232.4046	1363.2572	1383.2572	1463.2572
高度(千米)	57.9206	126.0013	145.4011	198.5162	194.7520	207.3273	215.1950	274.2112
航程(千米)	78.0255	332.7298	436.6662	2347.6243	6644.6266	7719.6308	7909.9799	8664.4139
地心纬度(度)	27.9103	27.2965	27.0304	21.2062	3.0742	-1.5761	-2.3319	-5.3035
经度(度)	102.7962	105.2866	106.2937	124.0332	159.1342	167.6216	169.1650	175.3035
地心距(千米)	6431.3567	6499.6260	6519.1068	6573.8459	6572.8302	6585.4511	6593.2994	6652.1676
相对地面速度(米/秒)	2214.9357	3564.7631	4086.5990	7381.3788	7393.2143	9873.8904	9882.4056	9827.7669
绝对速度(米/秒)	2593.3654	3964.2566	4488.2714	7796.3636	7806.1037	10 306.7324	10 315.6232	10 263.1533
速度倾斜角(度)	18.5330	9.8050	8.8765	-0.0632	0.0422	1.7969	2.5656	5.6265
飞行方位角(度)	102.2906	104.5396	105.2367	111.1704	119.4799	114.9761	114.8983	114.4464
火箭俯仰角(度)	20.6550	17.1186	15.9065	-12.7420	-66.3256	-76.4350	-76.4350	-193.4112
火箭偏航角(度)	0	0	0	6.1835	19.9258	19.9258	19.9258	-8.8481

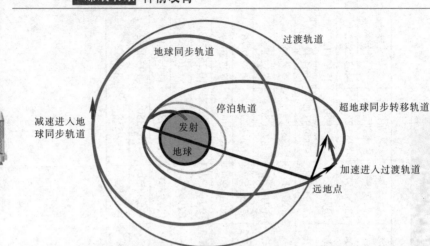

图 6-17　超地球同步转移轨道和地球同步轨道示意图

　　转移轨道的轨道倾角。这样卫星在转移轨道远地点进行轨道机动，进入地球同步轨道(图 6-16)时，需要的机动速度将有所减少，需要的推进剂也相应减少。这些减少的推进剂，可留待卫星到达定点位置后，作轨道控制使用，以增加卫星在轨道上的使用寿命。另外，卫星进入的地球同步转移轨道，远地点高度超过了地球同步轨道的高度，这种地球同步转移轨道叫超地球同步转移轨道(图 6-17)，也是为了充分利用火箭的技术能力。由于地球同步转移轨道的倾角不等于零，卫星到达转移轨道远地点后，为了进入地球同步轨道，不但要提高它的飞行速度，还要改变其飞行方向。我们知道，速度越小越容易改变其方向，地球同步转移轨道远地点升高后，其远地点速度将减小，改变其方向需要的能量就小了。虽然速度方向改变，轨道平面与赤道平面一致后，还要将轨道高度再控制回地球同步轨道高度，只要这个远地点高度不是特别高(比如高于 14 万千米)，所有控制需要的能量总的来说还是减小的。这些减少的能量，仍然可以留作卫星到达定点位置后的轨道控制使用，增加卫星在轨道上的使用寿命。

难忘的日子"215"

　　"长征三号甲"运载火箭的研制、发射成功,为"长征三号乙"和"长征三号丙"运载火箭的研制打下了牢固的技术基础(图 6-18)。将"长征二号捆"火箭的助推火箭捆绑技术,与"长征三号甲"运载火箭结合,就可以研制"长征三号乙"和"长征三号丙"运载火箭了。

　　但是,"长征三号乙"运载火箭运载能力大,国内没有相应的卫星要它发射,没有启动资金,不能开展研制。这时,恰逢国际商业发射市场急需大型地球同步轨道卫星运载火箭。航天人开始把眼光转向国外市场,通过对外发射服务归口协调的长城公司,向国外介绍我国"长征三号甲"运载火箭已经研制、发射成功的情况,并推出研制"长征三号乙"运载火箭的计划,这在国外引起很大反响。国际通信公司的"国际通信卫星 7 号 A"由美国劳拉公司制造,发射质量近5000 千克,希望利用中国新研制的"长征三号乙"运载火箭发射,并同意按研制里程碑付款。1994 年 10 月,双方很快签订了有关发射

图 6-18　火箭总装

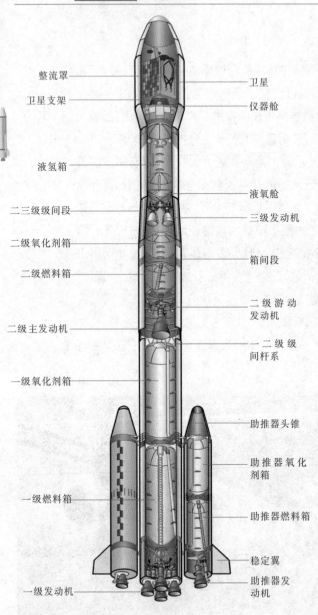

整流罩

卫星支架

液氢箱

二三级级间段

二级氧化剂箱

二级燃料箱

二级主发动机

一级氧化剂箱

一级燃料箱

一级发动机

卫星

仪器舱

液氧舱

三级发动机

箱间段

二级游动发动机

一二级级间杆系

助推器头锥

助推器氧化剂箱

助推器燃料箱

稳定翼

助推器发动机

图 6-19 "长征三号乙"运载火箭结构示意图

合同,"长征三号乙"运载火箭也紧锣密鼓地开始研制了。

经过近两年的努力,按捆绑助推火箭的要求,重新设计了"长征三号甲"运载火箭的各级。主要是将火箭一级结构加强,尾段和箱间段增加捆绑结构;二级箱体加长加厚,多加约25吨推进剂;三级加强,适应火箭长度增加、载荷增加的要求。卫星整流罩也按卫星的要求加长加大,又将"长征二号"捆绑火箭的助推小火箭适当缩短,以满足"长征三号乙"运载火箭的捆绑要求。为满足助推火箭点火、分离等需要,控制系统也作了一些适应性修改。

新设计的"长征三号乙"运载火箭结构如图6-19(所示)。

　　1995年底，"长征三号乙"运载火箭终于研制出来，并运往西昌发射场，不久"国际通信卫星7号A"也从美国启运，到达西昌卫星发射中心。双方进行了有效的合作，经过近2个月的检查测试，火箭和卫星都具备了发射条件，2月13日~14日火箭相继完成常温推进剂和低温推进剂加注。经双方协商，确定于2月15日北京时间晨3时发射。

　　1996年2月15日晨3时01分，"长征三号乙"运载火箭终于载着当时高轨道最重、也是最先进的由美国劳拉公司制造的"国际通信卫星7号A"，从发射台上隆隆升起。不料火箭起飞后越过固定发射塔，很快向右前方倾倒，飞行大约20秒，就一头撞在了发射场门外距离发射台约2千米的山坡上，随之发生剧烈爆炸，火箭连同发射的卫星一起炸毁。同时将发射场门外有近百户人家的一个小山村夷为平地，所幸火箭发射前为了防止意外，已组织村中居民前往3千米外看电影，没有造成重大伤亡。距离爆炸点100米左右的国内协作人员住宅楼，也因爆炸受到严重损毁。

　　发射基地在火箭爆炸后，立即出动人员，对爆炸现场及周围村庄和住宅楼进行了搜救，迅速将受伤人员送入医院治疗。同时将场地上的工作人员请入技术测试厂房办公室休息，并为他们准备了早餐。但是，在场的所有人员心情都久久不能平静，这对他们打击太大了。辛勤工作几个月，怎么会得到这样一个结果。大家都在想这是怎么回事？下面我们该怎么办？

　　等到天亮，在得知他们居住的外来人员协作楼没有新的危险后，他们回到原住房收拾了自己的个人物品。上午9时许，联系好回北京的专机，大轿车来接他们，他们简单收拾了一下行装，就上车了。告别严重损毁的住宅楼，路过被炸毁的村庄，看着老百姓困惑而忧伤的眼睛，他们真是无颜以对。但是，尽管受到了沉重的打击，坚强的航天人并没有被击垮，回到北京，他们又立即投入了对火箭故障分析的战斗。

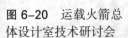
图 6-20 运载火箭总
体设计室技术研讨会

走出低谷

这次发射失利,影响巨大,首先有 5 个当时已经签订的合同被撤销了,几个正在洽谈的合同也半途而废了。同时,火箭发射失败的原因也成了用户和相应保险商关注的焦点。因此有关部门立即组成了有国外宇航专家参加的事故分析委员会和故障调查委员会,投入了火箭的故障调查。火箭设计和发射人员自然站到了故障分析的第一线。图 6-20 是运载火箭总体设计室某一次技术研讨会的场景。

春节前夕,由西昌发射中心转来的火箭遥测系统获得的参数处理结果,交到了故障分析人员的手中。他们放弃春节假期,立即展开了对火箭各系统工作参数的计算分析。春节还没过完,就组织了故障分析汇报、讨论会。经过认真分析、讨论,对比了火箭姿态控制系统不同测量参数的变化情况,大家逐渐统一了认识,火箭起飞后倾倒的原因是四轴惯性平台因故障而倾倒了,四轴惯性平台倾倒的原因是其中一个轴失去控制。此后又分析了各种可能的失控原因,并作了大量的地面模拟试验。直至当年 5 月,才确认这个轴失去控制的原因,是其控制电路中使用的一个电子元件因断路无输出。这个电子元件的内部线路是很细的一根金属丝,因一根细金属丝连接不当,导致数百吨的火箭倾倒,最后箭毁人亡,真是差以毫厘,失之千里!这是多么深刻的教训。由此可以看出,元器件的生产质量是多么的重要。图6-21是组装线上的"长征三号乙"火箭助推器外观。

另外,在分析相关遥测数据中还发现,其实平台这个轴的控制信号在火箭起飞前3分钟就不正常了,只是我们没有把这个信号显示出来,进行监视,没能及时发现问题,采取措施,避免灾祸。

找到火箭故障原因后,专家们立即着手改进设计,采取措施提高可靠性。首先是改进出问题的电子元件的生产工艺,提高其可靠性;同时加强对火箭使用的所有电子元器件的地面检查和筛选,并在控制电路设计中尽量避免单点单线,采用双点、双线等冗余措施。另外,将四轴平台的10个关键控制信号引入控制间,加强对四轴平台控制信号的地面监视。

完成对"长征三号乙"火箭首发飞行故障的分析和改进设计后,1996年下半年,中国运载火箭技术研究院准备了大量分析资料,组织汇报队伍,在国内外进行了广泛的宣讲和汇报,包括到美国向劳拉公司和到英国伦敦向国际保险界汇报。最后,终于重新赢得了用户和国际保险界的信任。此后,又相继签订了4个国外卫星的发射合同,它们是"马步海号"卫星、"亚太2号"卫星、"中卫1号"卫星和"鑫诺1号"卫星,并分别向国际保险公司投保。

经过一年多的艰苦奋斗,1997年8月20日,"长征三号乙"第二发运载火箭从西昌卫星发射中

图6-21　组装线上的"长征三号乙"火箭助推器

心发射升空,成功地将菲律宾的"马步海号"卫星送入要求轨道。10月17日,第三发"长征三号乙"运载火箭,又从西昌卫星发射中心发射升空,成功地将"亚太2号"卫星送入要求轨道(图6-22)。接着,1998年的5月30日和7月18日又进行2次发射,先后将"中卫1号"卫星和"鑫诺1号"卫星送入要求轨道,发射均取得圆满成功。

"长征三号甲"运载火箭,多次成功发射"东方红三号"及其改型卫星,进入所要求的地球同步转移轨道和超地球同步转移轨道"东方红三号"及其改型卫星成功地在赤道上空指定位置定点,长期进行轨道维持和姿态保持,为我国卫星姿态和轨道的远程控制积累了丰富的经验,也为我国未来进行深空探测打下了牢固的技术基础。

"长征三号乙"运载火箭研制和发射取得圆

图6-22 "长征三号乙"运载火箭发射"亚太2号"卫星升空

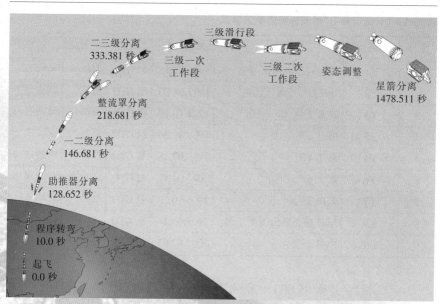

二三级分离
333.381 秒

三级滑行段

三级一次
工作段

三级二次
工作段

姿态调整

星箭分离
1478.511 秒

整流罩分离
218.681 秒

一二级分离
146.681 秒

助推器分离
128.652 秒

程序转弯
10.0 秒

起飞
0.0 秒

图 6-23 "长征三号乙" Y5 火箭飞行程序示意图

满成功,标志着我国运载火箭技术又往前迈进了一大步,地球同步转移轨道的运载能力达到 5100 千克,接近世界水平,同时为我国未来的深空探测提供了强有力的运载工具,保持了我国航天大国的地位。

2005 年 4 月 12 日北京时间 20 时,"长征三号乙"第六发运载火箭升空,又成功地将亚洲太平洋卫星通信公司的"亚太 6 号"卫星送入所要求的轨道。

从 1997 年 8 月 20 日成功地将菲律宾"马步海号"卫星送入要求轨道,到 2007 年 9 月,"长征三号乙"运载火箭已连续 8 次发射成功,将 2 颗国产卫星和 6 颗国外卫星送入要求轨道。这些轨道都为超地球同步转移轨道,其中以"鑫诺号"卫星进入的超地球同步转移轨道的倾角最低,为 19°。为了进入这个轨道,火箭进行了很大的侧向机动,发动机三级二次点火工作时,推力方向偏离发射平面达 35°以上。而"中卫 1 号"卫星进入的超地球同步转移轨道,远地点高度

表6-4　"长征三号乙"运载火箭的发射情况

序号	火箭代号	卫星	发射日期	轨道	发射场	结果
1	Y1	国际通信卫星7号A	1996.02.15	超GTO	西昌	失败
2	Y2	菲律宾马步海号卫星	1997.08.20	超GTO	西昌	成功
3	Y3	亚太2号	1997.10.17	超GTO	西昌	圆满成功
4	Y5	中卫1号	1998.05.30	超GTO	西昌	圆满成功
5	Y4	鑫诺1号	1998.07.18	超GTO	西昌	圆满成功
6	Y6	亚太6号	2005.04.12	超GTO	西昌	圆满成功
7	Y7	鑫诺2号	2006.10.29	超GTO	西昌	成功
8	Y9	尼日利亚通信卫星1号	2007.05.14	超GTO	西昌	圆满成功
9	Y10	中星6号B	2007.07.05	超GTO	西昌	圆满成功

最高,达到85 000千米,超过地球同步轨道高度的2倍以上;入轨速度也最大,达到10 585米/秒。"长征三号乙"运载火箭发射情况如表6-4。

"长征三号乙"Y5火箭发射东方卫星公司的"中卫1号"卫星飞行时序见表6-5。火箭飞行程序如图6-23所示。发射轨道的主要特征点参数见表6-6。

火箭滑行段停泊轨道参数如下:近地点高度196.00千米,远地点高度316.26千米,轨道倾角29.026°。

"中卫1号"卫星要求进入轨道倾角24.5°、近地点高度200千米、远地

图6-24　"长征三号乙"运载火箭发射"鑫诺号"卫星升空

表6-5　发射东方卫星公司的"中卫1号"卫星时,"长征三号乙"Y5火箭的飞行时序

序号	飞行动作	时间(秒)
1	火箭起飞	0.00
2	开始转弯	10.00
3	助推器发动机关机	127.152
4	助推器分离	128.652
5	芯一级发动机关机	145.181
6	一、二级分离	146.681
7	抛卫星整流罩	218.681
8	二级主发动机关机	327.381
9	二级游动发动机关机	332.381
10	二、三级分离	333.381
11	三级一次发动机关机	578.283
12	三级一次发动机后效结束,滑行开始	581.783
13	滑行结束,三级二次点火	1183.133
14	三级发动机二次关机,开始精确控制速度	1378.511
15	精确控制速度结束,开始调整火箭姿态	1398.511
16	姿态调整结束,卫星与火箭分离	1478.511

点在赤道上空高度85 000千米的超地球同步转移轨道,近地点速度为10 635.3米/秒。

图6-24是"长征三号乙"发射"鑫诺号"卫星升空的景象。

"长征三号甲"和"长征三号乙"火箭研制、发射成功后,原来设想的"长征三号甲"系列火箭基本形成了。"长征三号乙"火箭少装两个助推小火箭,就构成了"长征三号丙"火箭,技术已经很成熟,也作了一系列分析试验,只是还没有飞行过。目前已经安排了"长征三号丙"运载火箭的发射任务,很快就要飞行了。根据计算分析,"长征三号丙"运载火箭的地球同步转移轨道运载能力可达3800千克。

表6-6 "长征三号乙"Y5发射"中卫1号"时发射轨道的主要特征点参数

特征点	助推器分离	一、二级分离	抛卫星整流罩	二、三级分离	三级一次工作结束	三级二次点火	三级二次关机	卫星与火箭分离
飞行时间(秒)	128.6517	146.6808	218.6808	333.3808	581.7825	1183.1325	1378.5108	1478.5108
高度(千米)	55.116	72.603	131.251	183.310	202.384	200.118	201.807	258.716
航程(千米)	72.724	114.765	324.074	802.952	2316.707	6632.080	8266.510	9244.912
地心纬度(度)	27.9960	27.9416	27.6454	26.8255	23.1179	6.2650	-0.7404	-4.5318
经度(度)	102.7607	103.1844	105.2857	110.0412	124.5025	160.8494	173.7968	-178.2311
地心距(千米)	6428.525	6446.029	6504.769	6557.078	6577.214	6578.002	6579.944	6636.721
相对地面速度(米/秒)	2299.160	2780.745	3419.549	5358.232	7400.098	7408.181	10 188.206	10 148.333
绝对速度(米/秒)	2679.089	3168.474	3827.804	5775.215	7818.212	7824.040	10 622.748	10 584.918
速度倾斜角(度)	20.5056	18.2491	9.6715	3.3350	-0.1639	0.1827	0.9419	5.1912
飞行方位角(度)	96.8004	97.2503	98.6074	101.3146	108.0573	118.4222	114.5089	114.1027
火箭俯仰角(度)	22.9465	19.4001	8.6497	1.5127	-18.8235	-73.2010	-89.0243	-189.5972
火箭偏航角(度)	0.00000	0.00000	0.00000	0.00000	0.0000	0.0000	20.1387	40.0017

第七章　我们的火箭"出口"了

"黄金年代"

1978年,我国进入了改革开放的新时期,为"长征"运载火箭进入国际商业发射服务市场创造了机遇,中国的运载火箭要走向世界了。1982年,在第二次联合国探索与和平利用外层空间会议上,我国首次提出要为其他国家提供发射服务,这使各国感到震惊和意外,却也大大促进了世界对我国的了解。1985年10月,我国又正式宣布:"长征"系列运载火箭投入国际市场,承揽国外用户卫星发射服务。从此,中国"长征"运载火箭开始揭开20余年来的神秘面纱。

1989年,德国发生了一场巨变,"柏林墙"被推倒了,标志着"二战"后的冷战结束了。随着冷战的结束,全球的卫星商业发射市场出现了异常繁荣的局面,人们越来越关注信息在生活中的重要性,越来越急迫地想要获取宝贵的信息,卫星通信随着这种需要,迅速获得发展。到处在呼唤:"火箭!""火箭!""我们需要火箭来发射我们的卫星!"但是由于此刻冷战刚刚结束,商业发射市场上一次性使用的运载火箭非常短缺,国际上的运载火箭发射又出现一连串失败,美国巨大的商业卫星制造能力和世界上一次性使用运载火箭匮乏的矛盾非常突出,而这正是中国进入国际商业发射市场的好机会。

那时候的卫星制造商和最终用户,在全球范围内寻找着能够发射他们卫星的运载火箭,哪怕是还在工程图纸上的也行。美国政府迫于国内的压力,在1989年1月和中国政府签订了一个协议,协议的名称是《中华人民共和国政府和美利坚合众国政府商业发射服务国际贸易协议备忘录》,这个协议备忘录的核心就是让中国的运载火箭发射美国制造的商业通信卫星。但是由于当时美国对华政策的模糊性,协议备忘录在允许中国发射美制卫星的同时,对发射的数量作出了规定,在这个协议规定的期限内发射美制卫星的数量不能多于9个。

实际上中国的对外发射服务和技术合作在 1985 年就已经开始了,当时中国的航天人看准了中国一次性使用运载火箭的优势,正好和国际发射市场火箭短缺的情况相吻合。中国的航天管理就采用了"对外归口、内走渠道"的模式,即由中国长城工业总公司作为经营中国运载火箭商业发射出口业务的归口公司,对内仍然按照原来的航天管理模式进行运作。

1985 年的巴黎国际航空展览会,中国首次参加。在这次展览会上,中国同法国公司签订了一个使用"长征二号丙"火箭,在发射返回式卫星的同时,搭载法国公司微重力试验装置的合同。这是一个小小的合同,但是被后来的航天人认为是中国航天首次进入国际商业发射市场的标志。图 7-1 是某项发射合同签字的场景。

1987 年 11 月,中国又和一家瑞典公司签订了一份合同,合同

图 7-1 中外双方在某项发射合同上签字

规定使用"长征二号丙"火箭搭载发射瑞典公司的"FREJA 号"科学试验卫星。这是中国首次签订的卫星搭载发射服务合同,到现在大家还经常提起"搭载瑞典星",可以说中国在"黄金年代"来临前就已经有一只脚跨进国际商业发射市场了。

通过前面签订的两个合同,中国的航天人看到了商业发射带来的美好前景,紧接着又签订了发射"亚星"和发射"澳星"的合同。发射"亚星"的合同,是使用中国的"长征三号"运载火箭发射"亚洲卫星1 号",它是在 1989 年的 1 月 23 日签订的。发射"澳星"的合同,是使用"长征二号捆"捆绑型火箭发射"澳普图斯 B1 号"和"澳普图斯 B2 号","澳星"的全名是"休斯澳普图斯号"卫星,发射"澳星"的合同是在 1988 年的 11 月 17 日签订的。从此,中国的对外商业发射服务走上了发展的道路。

1990 年 4 月 7 日,"长征三号"运载火箭成功地将"亚洲卫星 1 号"通信卫星送入预定轨道,圆满完成了中国第一份国际商用卫星的发射服务合同,使得中国航天业成为一个可以为国际商用发射市场提供可靠发射服务的供应商。

"亚洲卫星 1 号"发射成功后,由于 20 世纪 80 年代末和 90 年代初商业发射市场急需补充一次性使用的运载火箭,中国航天人加大了市场的投入,一口气投入了多个型号运载火箭的研制,包括捆绑型的"长征二号捆"火箭、"长征二号丙"改进型火箭和"长征三号乙"火箭;获得了多个商业发射服务合同,与中国航天长城工业总公司签订发射合同的公司,有国际卫星发射组织、亚太卫星公司、亚洲卫星公司、回声星公司和铱星公司等。此时中国的火箭在国际市场上炙手可热,最高峰的时候曾经占到国际发射市场 7%~9% 的份额,这个成绩是相当不错的。这就是中国航天商业发射的"黄金年代"。

奋争与开拓

　　1990年4月，"亚洲卫星1号"通信卫星被准确地送入轨道，"澳星"发射的前前后后也牵动了全中国人民的心（图7-2），中国航天和中国的运载火箭一起开始受到大家的关注了。"我们自己生产的火箭被用来发射老外制造的卫星"，这样的赞叹可以随处听得到。中国的运载火箭"出口"了！这确实是一件了不起的事情。但是在这个多彩光环的背后还有一些不和谐的阴影，中国的航天人为了能推出更多、更好的服务，与来自各方的压力奋争着，在商业发射的道路上开拓着。

　　我国对外商业发射服务的发展，遇到的第一个阻力是美国政府的干预。前面说到过，美国在冷战结束后，对华政策转变，但用中国火箭发射美制卫星或是含有美国技术的别国制造的卫星，仍必须经过美国政府层层审批，最后经过美国总统特批才能获得发射许可证。美国在这个问题上，把世界上的国家分成三个等级，不同等级在

图 7-2　欢呼"澳星"发射成功

图 7-3　外国卫星公司参观洽谈

技术出口和转让方面审批的要求不一样,一级比一级控制严,一级比一级花费时间长。中国属第三等级,审批的手续最繁琐,时间最长。商业发射,时间是盈利的关键,早发射一天就能多赚几十万美元,卫星通信公司都希望自己的卫星能够早日为自己赚钱。发射许可证拿不到,或是比其他公司拿到得晚,成了中国运载火箭进一步扩大发射市场的阻力。而且从美国的老布什总统到小布什总统,对华政策不尽相同,签发许可证的数目也不一样:老布什当政期间给中国签发的卫星发射许可证有 3 个,克林顿时期签发了 10 个,而小布什执政后,不但一个也没有批准签发,反倒拒签了 5 个。

　　美国对中国的制裁,使得中国在扩展国际商业发射市场(图 7-3)的进程中,走得非常艰难。1991 年 6 月美国就以"向其他国家转让了《导弹技术控制制度》所列的技术和设备"为由,宣布对中国发射美制卫星进行两年的制裁。1993 年 8 月又以中国向巴基斯坦出口导弹技术为由,再次宣布对中国进行制裁。在 1991 年和 1993 年宣布制裁后,经过中国政府各方面的努力,至 1991 年 12 月和 1994 年 4 月,美国又分别解除了对中国的制裁,重新恢复对使用中国运载火箭发射美制卫星的出口许可证的发放和审批。

在 1995 年后的一段时间里，美国的对华政策有所松动，美国国内对中国的政策从"接触"和"遏制"两难的局面，转变成为"接触"为主的政策。这一段时间里，中国的国际商业发射市场上，由美国政府签发的卫星出口许可证是最多的。当时，完全由美国制造的卫星，以及含有美国技术的其他国家制造的卫星，数量上占有绝对优势，而且美制卫星占有的市场份额非常大，我国运载火箭发射的卫星中，绝大部分都是美国卫星公司制造的。因此，中国占有国际发射市场的份额直接和能不能取得发射许可证相关，中国在不断的努力中开拓着市场。

东方不亮西方亮

受到美国政府的政策影响，中国运载火箭对外发射服务举步维艰。在克服美国政府的干预阻力，开拓国际发射市场的同时，中国运载火箭在发射中又出现了若干技术问题。1996 年 2 月 15 日，"长征三号乙"运载火箭首次载着当时高轨道最重、也是最先进的由美国劳拉公司制造的"国际通信卫星 7 号 A"，从发射台上隆隆升起。但是起飞不到 20 秒，控制系统平台电子器件就发生断线故障，火箭一头栽到距离发射台不远的山坡上，随之剧烈爆炸，卫星和火箭一起炸毁。这次发射失利，连同当年 8 月 18 日"长征三号"运载火箭的飞行故障一起，在国际宇航界和保险界造成了非常不好的影响。虽然火箭失利后，中国航天人全力以赴地进行了故障分析和调查，并进行了一系列改进设计和试验，但是有 5 个当时已经签订的合同被撤销了，几个正在洽谈的合同也半途而废。1997 年东南亚出现经济危机，更使得刚刚起步的亚洲商用卫星发射市场十分不景气。中国的商业发射服务和中国"长征号"系列运载火箭的"出口"似乎不会再有起色了，当时的航天人心中都憋着一股子劲，一定要把火箭质量搞好。

"归零！"这个词对航天人真是再熟悉不过了，它是大家在查找故障和改进设计中提出来的,也是中国航天人的重大"技术秘密"和"质量秘密"。它是用一个归零的标准来要求任何一个细小的问题和制造缺陷,所有的产品都是以"零缺陷"为标准制造的,火箭运到发射场,所有的设备和零件必须达到100%的合格,出现问题必须按严格的标准"归零"。在随后的发射中,航天人笑了,中国的"长征"系列火箭在1997年之后,保持了100%的发射成功率,所有的发射均获得了圆满成功,这是一个了不起的成绩。此后,商业发射也慢慢有了起色。1999年7月、2001年1月和2001年3月,中国先后与意大利公司、法国公司和韩国卫星制造公司签署了3个商业卫星发射合同。这些合同使得中国的"长征"火箭重新看到了一线曙光,商用发射服务的市场再次向中国运载火箭"招手"了。美国卫星不能发射,我们就发射欧洲卫星,这真是"东方不亮西方亮"。

前后堵截与左右夹攻

2001年,中国的对外发射服务又开始了一个艰苦的历程,当时的处境可以看做是"前后堵截与左右夹攻"。美国政府在2001年9月1日宣布对中国进行制裁,原因是中国的中冶公司(中国冶金设备公司)帮助其他国家开展导弹研制的项目。这次制裁又把中国的商业发射服务列入其中,这是美国因为军控问题第三次对中国的商业卫星发射服务进行制裁,这次制裁使得中国在随后的两年中,不能发射美制卫星和含有美国技术的卫星。因此,2001年年底前,中国先后与国外签定的几份卫星发射合同,由于美方的制裁和中美双方此前签署的"备忘录"的到期,先后被取消,中国发射韩国卫星的合同也因许可证迟迟没有拿到而终止。接着,中国卫星运营商购买美国劳拉卫星公司的"中星8号"卫星被拒绝签发许可证,项目最后终止。第一次与意大利的卫星制造商合作的"大西洋鸟号"卫星,由于含有美国的技术和元器件,合同的发射许可证也没有拿下来,因而合同终止。这些合作和发射合同中,有些甚至完成了全部的技术协调任务，已经为卫星制造商和用户提供了所有技术支持的资料，火箭也已经按照发射卫星的要求生产出来，装配完毕，整装待发了，最后却由于合同终止而不能发射，航天人都觉得十分惋惜。

除了因这一次制裁，发射许可证拿不到，合同纷纷取消外，同时还出现了另一个不利因素，那就是其他航天大国的大型商用一次性运载火箭此刻纷纷登场，包括美国的"宇宙神5号"运载火箭和"德尔塔4号"运载火箭，欧洲的"阿里安5号"运载火箭(图7-4)，以及俄罗斯的"安加拉号"系列运载火箭。这些火箭的重量级构型可以把超过10吨的卫星送入地球同步转移轨道，运载能力是中国最大运载能力火箭——"长征三号乙"运载火箭的2倍。除此之外，这些运载火箭的设计完全是以高可靠性和低成本为理念的，以进行可盈利的商业发射为目的。这样的火箭和中国的"长征"系列火箭相比，在商业卫星发射市场上具有更强的竞争能力。有人曾经说过："当中国的运载火箭从连续成功的惊喜中醒来时，他面对的将是4个强大的对手。"与此同时，世界商业通信卫星项目在2001年也达到了历史的最低点，全年仅进行了15次发射。另外"9·11"事件后，商业航天

图7-4　欧洲空间局新型火箭"阿里安5号"发射升空

和保险市场都受到了极大的冲击，因此国际商业发射服务进入低潮。国外发射服务合同拿不到，国内又没有任务，"长征三号乙"火箭一时没有了发射对象，在1998年发射"鑫诺1号"卫星后即处于停飞状态。这种情况一直到2005年4月份才得以改观，当时它发射了香港亚太公司的"亚太6号"卫星，这颗卫星完全是因为用户增加了经费投入，卫星没有采用任何受到美国制裁的技术，才使得"长征三号乙"火箭在7年后得以重新发射的。

　　所有这些不利因素，使当时的"长征"系列运载火箭，在开拓国际商用发射市场的道路上处于极为不利的地位，真可谓"前后堵截与左右夹攻"啊。

外星发射一览

　　自1985年10月，我国正式宣布"长征"系列运载火箭投入国际发射市场，至2007年7月5日"长征三号乙"运载火箭发射"中星6号B"卫星成功，20年多来"长征"系列运载火箭共进行了27次外星发射，成功地将28颗外国卫星送入轨道。其中，"长征二号丙"运载火箭正式发射7次，全部成功，将瑞典"FREJA号"搭载星和12颗美国摩托罗拉公司的"铱星"送入要求轨道；"长征三号"运载火箭发射4次，3次成功，将3颗国外卫星送入地球同步转移轨道；"长征二号E"捆绑型运载火箭发射8次，5次成功，将一颗巴基斯坦搭载星，和其他4颗国外卫星送入要求轨道；"长征三号乙"运载火箭发射8次，7次成功，将7颗国外卫星送入地球同步转移轨道。

　　"长征"系列运载火箭发射国外卫星的情况统计见表7-1。

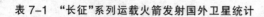

表 7-1 "长征"系列运载火箭发射国外卫星统计

火箭名称	火箭编号	卫星名称	发射时间	发射场	备注
长征二号丙	Y10	瑞典 FREJA 号搭载星	1992.10.06	酒泉	成功
长征二号丙改	Y2	铱星	1997.12.08	太原	成功
长征二号丙改	Y3	铱星	1998.03.26	太原	成功
长征二号丙改	Y4	铱星	1998.05.02	太原	成功
长征二号丙改	Y5	铱星	1998.08.20	太原	成功
长征二号丙改	Y6	铱星	1998.12.19	太原	成功
长征二号丙改	Y7	铱星	1999.06.12	太原	成功
长征三号	Y7	亚洲卫星 1 号	1990.04.07	西昌	成功
长征三号	Y8	亚太 1 号	1994.07.21	西昌	成功
长征三号	Y10A	亚太 1 号 A	1996.07.03	西昌	成功
长征三号	Y14	中星 7 号	1996.08.18	西昌	失败
长征二号 E	Y1	巴基斯坦搭载星	1990.07.16	西昌	成功
长征二号 E	Y2	澳普图斯 1 号	1992.03.22	西昌	火箭没有起飞
长征二号 E	Y3	澳普图斯 1 号	1992.08.14	西昌	成功
长征二号 E	Y4	澳普图斯 2 号	1992.12.21	西昌	发射成功,卫星爆炸
长征二号 E	Y5	澳普图斯 3 号	1994.08.28	西昌	成功
长征二号 E	Y6	亚太卫星 APT	1995.01.26	西昌	发射成功,卫星爆炸
长征二号 E	Y7	亚洲卫星 2 号	1995.11.28	西昌	成功
长征二号 E	Y8	回声号卫星	1995.12.28	西昌	成功
长征三号乙	Y1	国际通信卫星 7 号 A	1996.02.15	西昌	失败
长征三号乙	Y2	菲律宾马步海号卫星	1997.08.20	西昌	成功
长征三号乙	Y3	亚太 2 号 R 卫星	1997.10.17	西昌	成功
长征三号乙	Y5	中卫 1 号	1998.05.30	西昌	成功
长征三号乙	Y4	鑫诺 1 号卫星	1998.07.18	西昌	成功
长征三号乙	Y6	亚太 6 号卫星	2005.04.12	西昌	成功
长征三号乙	Y9	尼日利亚通信卫星	2007.05.14	西昌	成功
长征三号乙	Y10	中星 6 号 B	2007.07.05	西昌	成功

第八章 为了载人航天

载人对运载火箭的要求

载人航天,保证宇航员的生命安全是第一位的,这对运载火箭提出了很高的要求。简单地说,有下面三点:首先要改进火箭的设计,保证火箭有足够的可靠性,将火箭在发射和飞行中出现故障的可能性减低到最低限度;第二是火箭在发射和飞行中如果出现故障,危及宇航员生命安全,要能够及时发现并作出正确判断;第三,出现故障后要能够帮助宇航员迅速采取措施,脱离危险区,安全返回地面。

"长征二号捆"运载火箭的研制和发射成功,为我国实现载人航天奠定了技术基础,但是它还不能满足载人航天的基本要求,也不能直接用于载人航天。不过,"长征二号捆"运载火箭,在我国目前研制、发射成功的运载火箭中,是最接近载人航天要求的,首先它能够满足载人航天对火箭运载能力的基本要求。根据我国高技术研究发展计划("863"计划)方案论证的结果,我国发展载人航天的核心是研制8吨级载人飞船,而"长征二号捆"运载火箭低地球轨道运载能力就达到了8吨。其次,与当时具有8吨运载能力的另一种运载火箭"长征三号乙"相比,"长征二号捆"运载火箭的动力系统完全是继承"长征二号"运载火箭的,已经过近百次发射和飞行考验,从没有出现过问题,因而更成熟,更可靠;而"长征三号乙"运载火箭,则比它多了氢氧第三级,结构复杂,可靠性相应降低,特别是新研制的氢氧发动机,还没有经过充分的飞行考核,液氢和液氧的使用安全性也是一个新问题。另外,"长征三号乙"运载火箭是三级火箭,长度远

图 8-1 总体设计人员在听取火箭方案介绍

比"长征二号捆"运载火箭长,再加上载人飞船,全箭长度将超过极限。因此,以"长征二号捆"运载火箭为基础,研制新型载人运载火箭是我们最佳的选择。图 8-1 是总体设计人员听取火箭方案介绍的情景。

"长征二号捆"运载火箭要达到载人的要求,需要解决三个方面的问题。一是改进火箭各系统,主要是控制系统、动力系统和结构系统的设计,提高火箭发射和飞行的可靠性,使其达到载人的相关要求。第二是增加火箭故障检测处理系统,实时监测火箭各系统的工作情况,做到能及时发现火箭飞行故障,并作出正确判断。第三是设计火箭逃逸救生系统,这样,在火箭发射和飞行中一旦出现故障,危及宇航员生命时,能帮助宇航员迅速脱离危险区,安全返回地面。

在明确了载人运载火箭的基本要求后,有关人员迅速以"长征二号捆"运载火箭为基础,开展了新型载人运载火箭的研制。新研制的载人运载火箭定名为"长征二号 F"运载火箭,代号 CZ-2F,图 8-2 是后来用"长征二号 F"发射的"神舟号"飞船。

为了提高火箭发射和飞行的可靠性,火箭的控制系统进行了全新设计,不但提高了所用元器件的等级和筛选标准,而且重要仪器设备均采用双套同时开动,一套仪器发生故障立即转用另外一套,继续控制火箭正常飞行。重要信号及其转换还采用双点双线,甚至三点三线进行传递和转换,以确保无误。火箭的结构根据情况进行了加强设计,提高了安全系数。发动机也进行了旨在提高可靠性的设计。这样,经过努力,使火箭的可靠性指标从"长征二号捆"运载火箭的91%提高到"长征二号 F"的97%,基本达到了载人运载火箭的相关要求。这里着重介绍有关火箭新增的故障检测处理系统和逃逸救生系统。

火箭故障检测处理系统

故障检测处理系统是"长征二号 F"运载火箭为适应载人航天要求新增加的一个系统,其作用是在发射和飞行中,实时对火箭各系统的工作参数进行监视和判断。当判断出火箭出现危及航天员安全的故障后,系统及时向逃逸救生系统发出逃逸指令,向火箭控制系统发出中止飞行指令,并点燃逃逸救生系统的相关发动机,控制逃逸救生系统按预定程序逃逸。

故障检测处理系统设

图 8-2　中国载人航天的"神舟号"飞船及其"整流罩"

计的难点是在对测量参数的选择和对故障的判断上。火箭的某些故障发展速度是很快的,故障检测处理系统的反应速度也必须快。而反映火箭各系统工作情况的参数有几百个,甚至上千个,导致火箭发生灾难性后果和影响火箭飞行成败的故障模式也有几百种。怎样从几百、上千个参数中,选出十几个、最多几十个能够反映绝大多数故障模式的参数来,并保证这些参数能对几百种故障模式都作出判断,同时还要考虑参数采集的可靠性和正确性,这是首先要解决的一个问题。

第二个问题是对故障的判断。选出的几十个参数,每一个在什么范围内变化,火箭相应系统工作是正常的;在什么范围内变化,火箭相应系统工作不正常将在什么范围内变化, 火箭将出现故障,导致灾难性后果。这些范围都需要恰当划定,故障更需要准确判断,不允许出错。否则,将要出现的故障判断不出来,就会导致箭毁人亡;但不是故障的现象,或是轻微的不会引起飞行失败的故障,如被判断为需要逃逸的故障,那么逃逸后航天员的生命虽然保住了,整个飞行任务却会因此而失败。另外,一个参数能针对上百个故障模式,这个参数在各种模式中的取值范围各有不同,要都能兼顾到;而且同一种部件的性能指标在每发火箭上都有一定差别,在划定参数的上述变化范围时,还必须考虑这些偏差。

火箭故障模式的分析确定,是在对火箭各系统仪器、设备失效模式和后果分析的基础上进行的,在分析和检测了对各系统功能有影响的模式后,最后整理出300多种相对独立的故障模式。这300多种故障模式,以火箭起飞为分界,分成起飞前的待发段故障模式和起飞后的上升段故障模式,再通过定性的理论分析和定量的计算分析, 将多种故障原因导致同一种故障结果的归结成一类故障,将一种故障原因会导致不同故障结果的分在几个故障模式当中。这样,便获得了最后需要进行检测和处理的十几种故障模式。

最后,又将需要检测判断的故障模式按发展速度快、慢分成两类,分别由火箭和地面来完成,地面有检测参数多、可以由专家参与判断的优点。火箭上只考虑发展速度较快、10秒之内将导致火箭失稳或结构破坏的故障模式;地面则既要处理发展速度较慢的故障,同时也尽可能处理一些在火箭上不能处理但发展较快的故障。地面对故障模式的检测判断结果,通过无线电指令发给箭上故障检测处理系统,由箭上故障检测处理系统统一控制逃逸救生系统实施逃逸救生。另外,火箭故障检测的结果还能向宇航员显示,这样,必要时宇航员也可向故障检测处理系统发出逃逸指令。

在火箭故障检测处理系统的设计(图8–3)中,为了覆盖全部可能出现的故障情况,还开发研制了火箭故障飞行仿真系统,对所设计的火箭故障检测处理系统进行了2000多次仿真试验,根据仿真试验结果修订了故障检测处理系统的设计,考验了其软件和硬件,并检验和评估了故障检测处理系统的有效性。

火箭逃逸救生系统

火箭逃逸救生系统,也是"长征二号 F"运载火箭为适应载人航

图 8–3　科技人员对火箭故障检测处理系统展开热烈讨论,墙上挂着"神箭辉煌历程"图和航天人的"誓词"

天要求新增加的一个系统，其作用是当运载火箭发生重大危险时，帮助航天员迅速脱离危险区，实施逃逸，并为航天员的返回着陆提供必要的条件。逃逸时，逃逸塔与飞船的轨道舱、返回舱及其中乘坐的宇航员连成一体，构成逃逸飞行器，在逃逸塔的带动下，迅速脱离发生危险的运载火箭。

如图8-4所示，整个逃逸飞行器由逃逸塔、飞船上部整流罩、轨道舱和返回舱、栅格翼、上下支承机构、灭火装置等组成。整流罩的内部装有执行逃逸程序的电子设备和测量设备。逃逸塔由逃逸主发动机、分离发动机和偏航俯仰发动机组成。

逃逸飞行器的工作时间，自火箭起飞前30分钟宇航员进入飞船返回舱，至火箭起飞后飞船整流罩分离。在这个时间范围内，逃逸模式分为两种，即有塔逃逸模式和无塔逃逸模式。有塔逃逸模式适用于火箭起飞后120秒以内，无塔逃逸模式适用于火箭起飞后120秒至整流罩分离。在有塔逃逸模式中，火箭起飞后60秒内逃逸，由于此时火箭飞行加速度不大，不会危及宇航员安全，为了保证地面发射设备和人员的安全，火箭发动机不关机；火箭起飞60秒之后

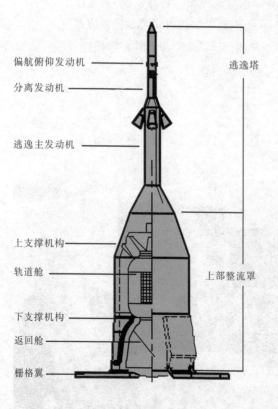

偏航俯仰发动机

分离发动机

逃逸主发动机

逃逸塔

上支撑机构

轨道舱

上部整流罩

下支撑机构

返回舱

栅格翼

图8-4　逃逸飞行器主要构成示意图

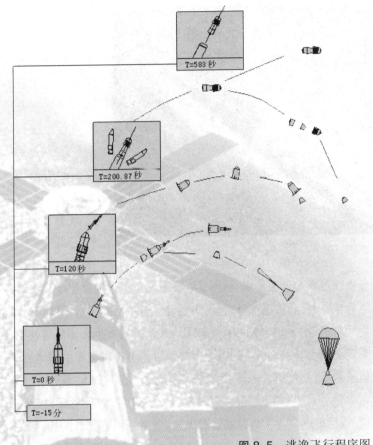

图 8-5 逃逸飞行程序图

逃逸,火箭坠落对地面发射设备和人员的安全威胁已经不大,为了实施逃逸,要求火箭关闭发动机。不同逃逸模式的逃逸飞行程序如图 8-5 所示。

　　图中,"T=120 秒"时,火箭抛掉逃逸塔。在此之前,飞船还没有获得足够的飞行速度和高度,需要借助逃逸塔进行逃逸,为有塔逃逸。此时,接到逃逸指令后,上下支承机构迅速通过上部整流罩将逃逸塔与飞船的轨道舱、返回舱连成一体(宇航员乘坐在返回舱),构

图 8-6　逃逸飞行器飞行中

成逃逸飞行器，在逃逸塔的带动下，迅速脱离发生危险的运载火箭，并达到要求的飞行速度和高度。此后，返回舱与逃逸塔、轨道舱分离，先以空气阻力减速，再打开降落伞减速，使宇航员乘坐返回舱安全返回地面，见图 8-5 最下面一条逃逸弹道。在火箭起飞后 120 秒，抛掉逃逸塔之后，飞船已获得足够的飞行速度和高度，为无塔逃逸。此时，接到逃逸指令后，火箭逃逸救生系统先通过控制系统关闭火箭发动机，同时上下支承机构迅速将飞船上部整流罩、轨道舱、返回舱连成一体，接着飞船上部整流罩连同轨道舱、返回舱与火箭分离，飞船上部整流罩外的高空逃逸发动机点火，携带轨道舱、返回舱逃离发生危险的运载火箭。此后返回舱分离，先以空气阻力减速，再打开降落伞减速，使宇航员乘坐返回舱安全返回地面，见图 8-5 中间一条逃逸弹道。火箭起飞后 200.8 秒，抛掉飞船整流罩后，接到逃逸指令，飞船将整体与火箭分离，在地面测控系统的配合指挥下返回地面，见图 8-5 最上面一条逃逸弹道。

　　逃逸救生系统研制的关键技术是逃逸程序设计、气动设计和逃逸飞行器(图 8-6)结构设计。从火箭起飞前 15 分钟，火箭就具备了自动逃逸的能力；在整个飞行段由于火箭速度不断变化，不能只用一个逃逸程序来实施逃逸。

　　逃逸飞行器是无控飞行器，飞行中的稳定性和机动性是靠气动设计来保证的,因而逃逸飞行器的气动设计的正确性及气动特性的准度是逃逸飞行器设计的关键之一。在有塔逃逸中,逃逸飞行器是在逃逸发动机喷流和空气流的混合作用之下,因此解决喷流对逃逸飞行器的影响问题是气动设计的另一项关键技术。

上述逃逸飞行器是有罩逃逸飞行器,其外形设计应在很大的攻角范围和飞行速度范围内,能同时满足逃逸飞行器对飞行稳定性和机动性的要求。为了增加逃逸飞行器的飞行稳定性,其尾部增加了栅格翼,能在逃逸开始时展开,这对栅格翼自身的气动特性和它展开到位的特性也提出了很高的要求。逃逸时逃逸飞行器要同时承受集中的拉力、压力、剪力和弯矩的作用,其数值比正常飞行时要大得多,由此给结构设计带来了很大的难度。逃逸时支撑机构会迅速地将飞船和上部整流罩锁死成一体,而在正常飞行时支撑机构又是弹性连接,因此对支撑机构的设计不但有强度要求和动作要求,还有振动特性要求。

限于研制经费,尽管不可能在火箭的实际飞行中进行逃逸试验,在研制中还是采用了很多方法对"长征二号 F"火箭的故障检测处理系统和逃逸系统进行了试验验证。为了验证故障检测处理系统的设计,进行了由控制系统、遥测系统和故障检测处理系统参加的半实物仿真试验。同时充分利用 4 次发射无人飞船的机会,人为放大被检测参数的正常范围,在保证故障检测处理系统不会误发逃逸指令的条件下,对故障检测处理系统进行了多次考核。为了验证逃逸救生系统,又选取了程序最复杂和最严重的情况,即立于发射台的零高度和零速度,进行了火箭与飞船联合逃逸救生的飞行试验(图 8-7)。

零高度飞行试验于 1998 年 10 月 19 日获得圆满成功,标志着逃逸救生系统研制阶段结束,进入实际应用阶段。

图 8-7　火箭与飞船联合逃逸救生飞行试验。左:点火前;右:点火后

初圆中华千年飞天梦

　　从 1992 年开始,经过 7 年的研制历程,中国第一个载人运载火箭"长征二号 F"终于研制成功。1999 年 11 月 20 日,第一枚"长征二号 F"运载火箭从酒泉载人航天发射场发射升空,将我国第一艘无人试验飞船——"神舟一号"送入要求轨道,完成了我国载人飞船的第一次无人飞行试验。此后, 又于 2001 年 1 月 10 日、2002 年 3 月 25 日和 2002 年 12 月 30 日进行了 3 次发射, 分别将无人试验飞船"神舟二号"、"神舟三号"和"神舟四号"送入要求轨道。至此,我国载人飞船的无人飞行试验任务圆满完成,为正式载人飞行作好了准备;同时连续 4 次圆满发射成功,也对"长征二号 F"运载火箭的载人航天能力进行了初步考核,迎来了首次载人航天的神圣时刻。

　　2003 年 10 月 15 日晨, 首次载人航天的神圣时刻终于来临了。饰有江泽民总书记题写"神箭"字样的"长征二号 F"运载火箭,载着我国首次载人航天的飞船——"神舟五号",竖立在酒泉载人航天发射场 100 多米高的巨型发射塔架上,巍峨挺拔,高耸入云。火箭已经加完推进剂,正在等待进行发射前最后的检查。8 时整,喇叭里传出

"1 小时准备"的口令,火箭周围的人们正在忙碌着,有的人在检查火箭仪器设备的最后状态,准备打保险,关闭舱门、口盖,有的人在拆除火箭飞行不需要的附加设备,火箭又进行了发射前最后的精确瞄准。图 8-8 是蓄势待发的"长征二号 F"火箭雄姿。

"华山,华山,我是北京。""华山明白。"这是北京指挥控制中心在指挥参加飞行测控的国内外几十个测控台站进行发射前的最后一次全区合练。控制火箭飞行的参数已经装入火箭控制计算机,并反复进行检查。8 点 30 分,发出"30 分钟准备"的口令,火箭发射前 30 分钟的准备开始了,为了防止火箭发动机和各种分离装置误点火而设置的保险线路开始拆除。宇航员杨利伟乘坐电梯登上发射塔,进入飞船返回舱。图 8-9 是他在返回舱内的一幅照片。

8 时 45 分,喇叭里传出"15 分钟准备"的口令,火箭和飞船各仪器开始由地面供电转向火箭和飞船自身供电,控制发动机摆动的伺服机

图 8-8 "长征二号 F"神箭待发

图 8-9　火箭起飞前宇航员杨利伟在飞船返回舱内

图 8-10　"长征二号 F"神箭起飞

构打开了,火箭和飞船作好了一切准备,处于待发状态。宇航员杨利伟神情自若,坐在飞船返回舱内,等待神圣时刻的来临。"1分钟准备",全国各地的测量跟踪站转入跟踪测量状态,火箭准备起飞了,开始倒计时,10,9,8,7,6,5,4,3,2,1,"点火!"9时整,当"点火"的口令下达后,神箭尾部喷出一团橘红色的烈焰,随着震天的轰鸣,第五发"长征二号 F"火箭,托着"神舟五号"飞船拔地而起,划过天空,直刺苍穹。随着时间的推移,它渐渐变成一个小小的亮点,最后消失在蔚蓝的天际,为我国第一位宇航员叩开了登上太空的大门。图 8-10是某一发"长征二号 F"火箭起飞的壮丽景象。

"发现目标","跟踪正常",北京航天指挥控制中

图 8-11　"长征二号 F"火箭载着"神舟五号"飞船从酒泉载人航天发射场发射升空

心，不断收到全国各地测控站和太平洋上"远望号"测量船传来的测控报告和测量数据。"长征二号F"火箭和"神舟五号"飞船一切飞行正常，火箭起飞 2 分钟后，位于火箭顶部的逃逸塔与火箭正常分离，接着火箭四周捆绑的 4 个助推小火箭分离，"火箭一、二级分离！""飞船整流罩分离！"又过了约 6.5 分钟，飞船与运载火箭分离，"长征二号 F"第五发火箭(图8-11)把"神舟五号"飞船准确地送入预定轨道。此后，"神舟五号"飞船载着中国第一位宇航员杨利伟开始围绕地球飞行，绕地球飞行 14 圈后，于 10 月 16 日晨 6 时23 分在内蒙古主着陆场安全着陆。中国首次载人航天取得圆满成功，中国人终于乘坐自己的运载火箭和载人飞船首次进入太空，中华民族几千年来的飞天梦实现了。这是我国自 1970 年 4 月

图 8-12　"长征二号F"第六发神箭出征

24日成功发射第一颗人造地球卫星"东方红一号"以来,在航天史上竖起的又一座新的里程碑。我国成为继美国和苏联之后,世界上第三个掌握载人航天技术,成功发射载人飞船的国家。

两年后的2005年10月12日,第六发"长征二号F"火箭(图8-12)又从酒泉载人航天发射场发射升空,将"神舟六号"飞船准确送入预定轨道。这次有费俊龙和聂海胜两位宇航员一起升空,在太空连续飞行了5天。

"长征二号F"火箭发射"神舟六号"飞船的飞行程序见表8-1。

表8-2列出"长征二号F"第六发火箭发射"神舟六号"载人飞船时的发射轨道主要特征点参数。图8-13是"长征二号F"运载火箭的结构示意图。

任重而道远

我国两次载人航天,有3位宇航员进入太空,第二次还实现了双人在太空的连续5天飞行,这不能不说是巨大的进步,但是接下来还有很长的路要走。根

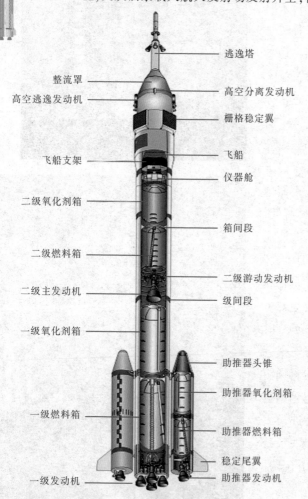

图8-13 "长征二号F"运载火箭结构示意图

逃逸塔
整流罩
高空逃逸发动机
高空分离发动机
栅格稳定翼
飞船支架
飞船
仪器舱
二级氧化剂箱
箱间段
二级燃料箱
二级游动发动机
二级主发动机
级间段
一级氧化剂箱
助推器头锥
助推器氧化剂箱
一级燃料箱
助推器燃料箱
稳定尾翼
一级发动机
助推器发动机

表 8-1 "长征二号 F"第六发火箭发射"神舟六号"飞船的飞行程序

序号	飞行动作	时间(秒)
1	火箭起飞	0
2	开始转弯	12
3	抛逃逸塔	120
4	助推小火箭关机	135.169
5	助推小火箭分离	136.669
6	一级发动机关机	157.879
7	一、二级分离	159.379
8	抛飞船整流罩	200.379
9	二级主发动机关机	462.467
10	二级游动发动机关机	582.467
11	飞船与火箭分离	585.467

据我国载人航天规划的安排,接着还要发射"神舟七号",实现宇航员在太空行走;在载人航天的第二期工程中,要实现两个航天器在轨道上的交会对接(图8-14);此外还有载人登月、火星探测、载人行星际航行等。技术的进步是没有止境的,还有很多很多问题等待我们去解决,很多很多新领域等待我们去探索,让我们不停地努力奋斗吧!

图 8-14 飞船与空间实验室太空交会

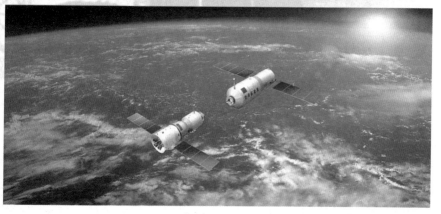

表8-2 "长征二号F"第六发火箭发射"神舟六号"时的发射轨道主要特征点参数

特征点	抛逃逸塔	助推小火箭关机	助推小火箭分离	芯一级关机	一、二级分离	抛飞船整流罩	二级主发动机关机	二级游动发动机关机	飞船与火箭分离
飞行时间(秒)	120.000	135.1691	136.669	157.879	159.379	200.379	462.467	582.467	585.467
高度(千米)	38.371	50.442	51.753	70.817	72.202	105.562	194.951	199.516	199.484
航程(千米)	35.100	55.825	58.280	98.198	101.398	194.322	1240.901	2090.960	2112.709
地心纬度(度)	40.693	40.648	40.643	40.553	40.546	40.328	37.179	33.832	33.738
经度(度)	100.696	100.934	100.962	101.420	101.457	102.517	113.906	122.357	122.564
相对地面速度(米/秒)	1352.427	1848.923	1882.548	2343.154	2345.559	2547.496	7120.490	7478.958	7479.475
绝对速度(米/秒)	1655.01	2160.45	2194.89	2665.17	2668.21	2883.53	7472.69	7830.62	7831.40
速度倾斜角(度)	26.032	23.807	23.564	20.404	20.162	14.371	0.754	0.000	0.001
飞行方位角(度)	100.651	101.645	101.711	102.538	102.572	103.587	112.000	117.240	117.362
火箭俯仰角(度)	31.756	27.182	26.794	24.018	24.018	22.366	-14.606	-33.211	-33.211
火箭偏航角(度)	0	0	0	0	0	0	0.822	0	0

第九章 奔向月球

悠悠奔月梦

"挂"在蓝天上的月亮,是夜空中看得见的最大、最明亮的天体。银色的圆盘中隐隐的花纹给人以无限的遐想,嫦娥奔月的神话传说流传了几千年,月球真是人类长期向往的地方。

但是,月球这个距离地球最近的天体,表面引力只有地球表面的1/6,上面没有大气,日出、日落的一昼夜相当地球上的近30天,白天表面温度高达120℃以上,夜晚最低温度又低到-183℃,在这样严酷的自然环境下,人类根本无法生存。不过,近几十年来,随着航天技术的迅速发展,人们发现这样的环境再加没有强磁场,倒是进行科学研究的好地方;同时月球也是进行天文观测及对地球观察的理想基地,还可作为深空探测的中继站,因此世界各国在航天计划中都把月球探测作为重点。在20世纪60年代,国际上曾掀起过一次探月热潮,美国著名的"阿波罗"登月计划,就是在这股热潮中实施的。近年来的研究表明,月球极区可能有水冰存在,另外月壤中蕴藏着丰富的核能材料"氦3",估计开发出来可作为能源提供给地球上的人类使用上万年。因此,如今世界范围内又掀起了第二次探测月球的热潮,历史的重任再一次落到了几代航天人的身上(图9-1)。

那么,如何摆脱地球引力的束缚,将月球探测装置送入太空呢?火箭在人类飞向月球的过程中仍然肩负重任,无论是运送探测器飞近月球进行观察,还是运送载人飞船登上月球,都需要首先研制出具有足够运载能力、性能优良的运载火箭。

我国在运载火箭研制中,曾经两次提出利用火箭第一次飞行试

图 9-1　新一代航天人

验的机会,飞向向往已久的月球。第一次是 20 世纪 80 年代中期,当时正在进行"长征三号甲"火箭的研制,设计师们大胆地制定了一个计划,利用火箭第一次飞行的机会,让我们的长征火箭直接飞向月球,与月球来个亲密一"吻"。经过详细的设计和分析,火箭的设计师们找到了一个最佳方案,这就是在"长征三号甲"火箭首次飞行试验发射的"夸父一号"模拟卫星上,安装一台固体发动机,在由"长征三号甲"火箭将其送入"东方红三号"卫星所要求的地球同步转移轨道后,由火箭将其调整至发动机点火要求姿态;此后卫星与火箭分离,开始高速旋转,依靠高速旋转保持卫星姿态;接着卫星上的固体发动机点火工作,将卫星送入奔向月球的轨道。根据分析,在火箭的控制和固体发动机参数出现最大可能偏差的情况下,卫星飞到月球附近,离开月球表面的最大距离也不会超过 5000 千米,也可能会撞到月球上。这样,如果在卫星上安装必要的摄像通信设备,在卫星接近月球的过程中,就可以获得几十张相应的月面图像。但是由于种种原因,这个计划没有付诸实施。第二次是 1995 年前后,在用于发射"神舟"飞船的"长征二号 F"火箭研制期间,设计师们又希望利用"长征二号 F"火箭的第一次飞行,实现多年来飞向月球的梦想。当时曾组织许多火箭专家和设计师,对火箭飞向月球的方案进行了全面细致的设计和分析,大胆提出了"确保硬着陆、争取软着陆"的设想。当火箭释放的飞船接近月球表面时,通过装在飞船上面的减速小火箭进行着陆减速;争取实现在月球表面软着陆(图 9-2);实在不行,也要保证飞船在月球表面面向地球的一侧碰撞着陆——硬着陆。但是由于火箭第一次飞行的任务确定为发射"神舟"试验飞船,飞向月球的计划再次搁置起来。飞向月球的计划暂时停止了,不过当时为了实现在月面软着陆,仍进行了大量细致的分析论证工作,相关资料、计算结果和报告就有厚厚的几大摞,这为后来的月球探测积累了宝贵经验,也推动了国内相关的研究工作。此后,国内大专院校和研究单位,开展了一系列研究工作,取得了一系列研究成果,并出版了相关专著。

怎样飞往月球

根据多年来的观测和探测分析,人类已经掌握了大量有关月球的知识。月球是地球的唯一一颗天然卫星,与人造地球卫星一样,月球围绕地球运动的轨道也是椭圆形轨道,但是由于受太阳及其他星体吸引力的影响,这个椭圆形轨道也在不停地变

图 9-2　探测器在月面软着陆

化。椭圆轨道近地点距离地球中心的平均距离约363 300千米,远地点距离地球中心的平均距离约405 500千米,其轨道平面称白道平面,与地球围绕太阳公转的黄道平面夹角平均值约5°8′,与地球赤道平面的夹角即轨道倾角,在18°19′~28°35′之间变化,变化周期是18.6年。月球围绕地球旋转一圈的时间约是地球上27.32天。人们在地球上看月球,常常是有亮有暗,太阳照到的部分是亮的,太阳照不到的部分是暗的。在一个月球运动周期中,有一天看上去整个月球都是亮的,有一天看上去整个月球都是暗的,其他日子则有亮有暗,亮和暗的分界也天天变化,这称为月相,整个月球都是暗的称为朔,整个月球都是亮的称为望,朔和望之间称为弦,弦又有上弦和下弦之分。月相连续两次相同所经过的时间称为朔望月,就是我国农历所说的一个月,一个月约是地球上的29.53天。

月球除了围绕地球公转外,还围绕其自旋轴自转,自转一圈需要的时间与它围绕地球公转一圈需要的时间相同,所以月球对着地球的一面总是面向地球,背着地球的一面也总是背对地球,人们在地球上看不到月球背对地球的一面,使它显得愈加神秘。另外,由于月球在围绕地球旋转的同时还跟随地球围绕太阳旋转,所以月面上一点连续两个日出间隔的时间也是地球上的29.53天。

对月球的精确观测表明,月球的半径约1738千米,不到地球半径的1/3,体积约是地球的1/49,质量约是地球的1/81.3,月球表面的引力加速度为1.62米/秒^2,约是地球表面引力加速度的1/6。

月面地形(图9-3)像地球一样也很复杂,有环形山、月海、月陆、山脉和峭壁等。大的环形山直径可超过100千米,小的只是一些凹坑。直径大于1千米的环形山约有33 000个。月海中其实并没有水,它们只是月面上一些广阔的平原。月球正对地球的一面,约有22个月海,面积约占这一面月面面积的一半。月陆是高出月海的部分,一般高出月海2~3千米,在对着地球的一面,月陆面积大致与月海面积相等,背对地球的一面月陆面积稍大一些。山脉往往高出月海 3~4 千米，最长的山脉长达 1000 千米，还有长达数百千米的峭壁。

根据探测任务的需要和探月飞行器可能达到的控制水平，可以采用多种飞向月球的方式。最简单的方式是瞄准月球后直接撞击月球，不行就从月球附近飞过。这种方式的探月飞行器在进入奔月轨道后，完全在地球、月球、太阳等天体的吸引力作用下飞行，不需要对探月飞行器进行轨道控制，也不需要强大的地面测量控制站。探月飞行器设计简单，对运载火箭控制精度要求也不是很

图 9-3   月面局部地形图

高，仅需要必要的远距离通信手段。事先设计好瞄准月球的奔月轨道，如入轨偏差小就撞上月球，入轨偏差大就从月球附近飞过，只要能将所获得的月面资料传回地面即可。但是采用这种飞行方式，撞击月球前或从月球附近飞过的时间都比较短，难以对月球进行长时间细致的观测，获得的月面资料也比较少，属早期技术水平较低的一种飞行方式。"长征三号甲"火箭首次试验发射，就想采用这种飞行方式来实现我国首次奔月飞行；"长征二号 F"火箭的第一次飞行也曾设想采用这种飞行方式。

第二种探月飞行方式是在到达月面附近后实施轨道机动，使探月飞行器进入环绕月球的卫星轨道(图 9-4)。这种飞行方式要求在奔月飞行中对探测器的轨道进行必要的控制，以消除火箭发射带来的入轨偏差；同时在探测器到达近月点附近时，适时进行一次或多次轨道机动，使探测器进入探测所要求的环月球卫星轨道。为了获

图 9-4 探测器在环绕月球的轨道上进行探测

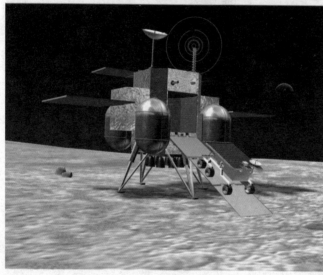

图 9-5 探测器在月面软着陆后释放月球车

得更全面的对月观测资料,这个环月轨道最好是通过月球两极上空的极轨道。另外,在对月观测期间,还必须不断控制探测器环绕月球运行的轨道,避免它在月球引力异常等因素干扰下过多偏离要求轨道,甚至撞上月球。这些轨道控制都需要探测器在地面测控站的配合下完成。这不但对探测器的设计提出了很高的要求,还需要建立测控能力强大、测量控制精度足够的地面站。另外,为了将所获得的大量探测资料传回地面,还需要强大的通信设备,用以解决高速率的数据通信问题。因此,如果在技术上没有达到一定水平,这种飞行方式是难以实施的。

第三种探月飞行方式是在到达月面附近后多次实施轨道机动,使探月飞行器实现在月面软着陆。可以设计一种直接撞击月面的奔月轨道,在与月面撞击前距离月面一定距离时,控制探测器进行制动,通过多次制动实现在月面软着陆。也可以先以第二种方式飞行,控制探测器进入所要求的环月轨道,在这个轨道上对探测器的轨道进行长时间的测量和控制,最后再选择适当时机,控制探测器多次进行制动,使探测器在月面软着陆,对月面进行定点详细勘测。探测器还可以携带月球车,在月面软着陆后释放出来(图9-5),让月球车在月面实施巡回勘测(图9-6),同时将探测器的定点勘测资料和月球车的巡回勘测资料传回地面,供有关人员进行研究。当然,第三种飞行方式对探测器的设计,对探测器和地面测控通信的要求更高。

第四种探月飞行方式,是让探测器携带返回火箭,实现在月面软着陆后自动采集月面地质样本,然后选择恰当时机控制返回火箭从月面起飞

图 9-6 月球车在月面巡回勘测

(图 9-7),将所采集的月面地质样本带回地面。返回火箭从月面起飞后,可以直接进入返回地球的轨道,也可以先进入一个环月轨道,在这个环月轨道上对返回火箭的轨道进行测量和控制,最后再选择适当时机控制返回火箭加速,进入返回地球的轨道。返回火箭带有回收舱,在到达地球附近进入地球稠密大气层之前,回收舱与返回火箭分离,回收舱以大于 10 千米/秒的速度进入稠密大气层,在数千摄氏度的高温下,通过大气阻力减速,最后打开降落伞,落回地面。第四种飞行方式,除了要实现在月面软着陆外,还要控制返回火箭进入返回地球的轨道,接着进入返回地球大气层的再入走廊,回收舱要解决在大气层内高速运动时的空气动力以及烧蚀和防热问题,技术难度更大。

第五种探月飞行方式是实现载人登月。这相当于第四种飞行方式要在载人的情况下完成。这种飞行方式要求系统能保证人的生存,提供人的生活、工作条件,并要求系统有很高的可靠性。如果像美国"阿波罗"登月计划那样,三人同行,两人乘登月舱登月,一人操纵指令服务舱在环月轨道上等待,则登月舱从月面起飞后,还要实现与指令服务舱在环月轨道上对接。

探月飞行器的轨道

探月飞行器的上述 5 种飞行方

图 9-7 探测器在月面采样后起飞返回地球

式,按其轨道及控制特征,飞行轨道大致可分成以下 8 段:①自地面起飞进入奔月轨道前的地面上升段;②自奔月轨道近地点附近飞行至月球附近轨道近月点的奔月轨道段;③进入环月轨道后的环月轨道段;④自环月轨道制动(或直接自奔月轨道制动)至降落于月球表面的月面下降段;⑤自月面起飞至进入环月轨道(或直接进入返回地球轨道)的月面上升段;⑥与环月轨道上飞行器实现交会对接的环月轨道交会对接段;⑦自月面附近返回地球附近的返回地球轨道段;⑧进入地球大气层的再入返回段。

火箭发射探月飞行器进入奔月轨道的地面上升段轨道,与发射卫星进入地球同步转移轨道相近,我们已经实施过多次发射,已经基本掌握了相关的发射和测控技术。只是奔月轨道要在各种情况下实现与月球交会,其轨道倾角最好要大于月球轨道相对地球赤道的倾角。月球轨道最大倾角约 28.5°,要求奔月轨道倾角也要能达到 28.5°,同时其远地点要在月球附近,并达到或高于月球轨道高度。另外轨道近地点的可调节范围要能够覆盖月球在地球赤道两侧的运动范围,即可达到南、北纬 28.5°之间的任意位置。运载火箭发射探月飞行器进入奔月轨道,只要达到以上几点要求,就可以保证探月飞行器在任何情况下,任何时间都能实现与月球交会了。

要达到进入奔月轨道的上述发射要求,并不困难。目前"长征三号甲"系列火箭从西昌发射中心向东发射,轨道倾角就是 28.5°;从我国西昌以南发射,只要发射方向向东北或东南方向偏一点,就可达到 28.5°倾角;即使某些发射方向受到安全原因的限制,实在需要,火箭还可以进行侧向机动,以实现 28.5°轨道倾角。另外,目前火箭发射至地球同步转移轨道,远地点高度为 35 786 千米,近地点高度 200 千米,速度 10 239 米/秒;超地球同步转移轨道,远地点最高已经达到 85 000 千米,近地点速度 10 635 米/秒。月球轨道距离地球最远点,与地球中心距离也不超过 450 000 千米,远地点高 450 000 千米的奔月轨道,其近地点速度也不过 10 930 米/秒。较诸上述远地点高度 85 000 千米的超地球同步转移轨道，其近地点速度提高不足 300 米/秒，只要探月飞行器的发射质量稍小于地球同步轨道通信卫星，这是很容易达到的。只是近地点位置要在南、北纬 28.5°之间任意调节，"长征三号甲"系列火箭还都做不到。目前"长征三号甲"系列火箭三级一次关机后，二次点火前的无动力滑行时间只能在 200~650 秒之间调节，转移轨道近地点位置覆盖范围大概为南纬 5°到北纬 10°之间，相应远地点位置覆盖范围为南纬 10°到北纬 5°之间。因此，"长征三号甲"系列火箭目前发射探月飞行器进入奔月轨道，只能在月球旋转至地球赤道上空南纬 10°到北纬 5°之间时，才能实现与月球交会，每月只有几天时间。如果要求每天都有机会发射，需要轨道近地点覆盖范围扩大至南纬 28.5°到北纬 28.5°之间，这需要火箭三级一次关机后，无动力滑行时间能在 200~6000 秒之间调节，使火箭三级发动机可在停泊轨道上任意位置再次点火工作。

最后，为了保证与月球实现交会，在确定了发射日期后，还必须确定发射时间。由于在奔月轨道上探月飞行器大部分飞行时间主要受地球吸引力的作用，奔月轨道接近一个平面，因此火箭发射时，其发射点、地球中心和探测器到达月球时的月球位置，三者处在一个平面内，就是选择发射时间的原则。发射点不停地随地球旋转，只要确定了到达月球附近的时间和此时月球的位置，就看什么时间发射点转至所要求的奔月轨道平面内，也就是应该在发射点转至所要求的奔月轨道平面内时发射火箭。但是，奔月轨道平面与火箭发射的方向有关，火箭发射方向不同，奔月轨道平面不同，因此对火箭发射时间的要求也不同。反过来，我们可以通过改变火箭发射的方向，在一定范围内调节火箭的发射时间，使得在确定的发射日期内，有一小段时间都可以发射火箭，这就是通过调整火箭发射方向来扩展火箭可发射的时间——发射窗口。"长征三号甲"系列火箭为了发射不同倾角的轨道，已经按起飞后滚转改变发射方向的要求改进设计，它可以在临发射前几十分钟,决定并实现火箭最终发射的方向。因此"长征三号甲"系列火箭可以通过探月飞行器临发射前改变发射方向,来实现扩展发射窗口的要求。图9-8是"长征三号甲"从西昌发射场二号发射工位起飞的壮丽景象。

奔月轨道,一般其近地点高度选择在200千米左右,远地点高度要高于月球轨道高度。在进行奔月轨道设计时,应保证奔月轨道通过月球附近的指定点,当探月飞行器最终要求进入月球极轨道时,它应通过月球北极或南极上空。在指定奔月轨道相对地球赤道的轨道倾角时,这个要求可以通过调节火箭的发射时间和奔月轨道近地点位置来实现。另外,为了保证地面测控站能够对探月飞行器的轨道机动进行有效测量和控制,探月飞行器到达近月点进行首次轨道机动的时间往往被事先确定,因此奔月轨道的设计,应保证探月飞行器按指定时间到达近月点,这可以通过调整奔月轨道远地点高度(或

图9-8 "长征三号甲"火箭从西昌发射场二号发射工位起飞

近地点速度)来实现。

当探月飞行器有比较强的轨道机动能力时,它可以不要求运载火箭将其直接送入奔月轨道,而是送入一个满足其基本要求的过渡轨道。过渡轨道的形式多种多样,完全视探月飞行器的要求而定。

与地球轨道类似,环月轨道一般也为椭圆轨道,或圆轨道,有近月点高度、远月点高度,相对月球赤道的倾角等。探月飞行器一般在奔月轨道近月点附近进行轨道机动,再进入环月轨道。首次轨道机动一般进入椭圆形环月轨道,此后在地面测控站的测量控制下,再进行几次轨道机动,逐步进入接近于圆形轨道的环月轨道。环月轨道距离月面的高度,可根据对月面的探测要求选择,一般在 100~200 千米,过高会影响对月面的观测效果,过低则增加任务期间对环月轨道进行轨道维持的次数,应恰当选择。另外,由于一般探月飞行器沿大椭圆奔月轨道到达月球附近时,在月球引力的作用下,其相对月面的运动速度,都远远超过它在上述环月轨道上飞行时所需要的速度,所以探月飞行器到达月球附近后,还必须选择恰当时机调整姿态,点燃轨道机动发动机,实施减速机动,才能从奔月轨道进入所要求的环月轨道(图 9-9)。根据需要,减速机动可以多次完成,总减速量在 800~900 米/秒。

由于月面没有大气,不能像地面一样,利用大气阻力进行减速制动,所以在月面实施软着陆只能靠制动火箭完成减速制动。进入月面下降段轨道有两种形式:一种是自奔月轨道制动下降,降落于月球表面;一种是自环月轨道制动下降,降落于月球表面。前一种方式,轨道比较简单,飞行时间也短,但是测控反应时间短,对测控精度要求高,要求反应速度快。后一种方式,探测器可以在环月轨道上进行比较长时间的测量和对轨道进行精确调整,并选择合适的时间进行制动下降。因此,后期登月的下降轨道多采用后一种方式,一般先在环月轨道上进行第一次制动,将环月轨道的近月点距月面高度降低至 15 千米左右;在登月舱飞行至这个轨道近月点附近时,开始

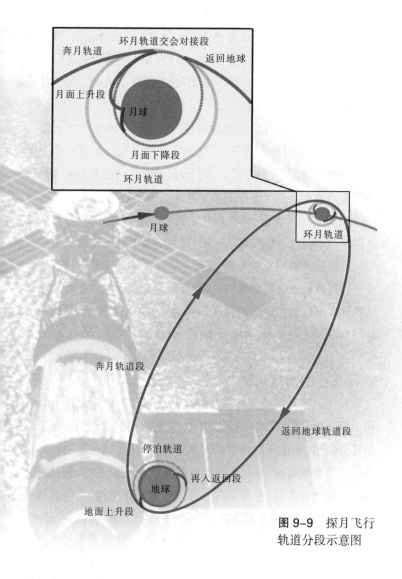

环月轨道交会对接段

奔月轨道

返回地球

月面上升段

月球

月面下降段

环月轨道

月球

环月轨道

奔月轨道段

返回地球轨道段

停泊轨道

地球

再入返回段

地面上升段

图9-9 探月飞行
轨道分段示意图

点燃发动机进行第二次制动,将登月舱相对月面运动的速度降低到
接近于零,距离月面的高度也达到2千米上下;此后操纵登月舱进
行短时间巡回飞行,选择合适的着陆点,最后降落于选定的月面。由

于下降飞行中需要的发动机推力不同,所以下降飞行使用的发动机最好是可变推力发动机或多种推力组合的发动机,使发动机推力的大小可根据下降的需要进行调节。由于月面上的重力加速度只及地球表面的1/6,所以最后下降至月面时,控制发动机推力为登月舱地面重量的1/6上下就可以了。

自月面起飞的月面上升段弹道与自地球表面起飞的火箭飞行轨道类似,只是月球上没有大气,进入月面上升段弹道不必考虑空气动力的影响,因而更为简单。同下降段轨道一样,月面起飞推力也只需要地面起飞推力的约1/6。另外,由于月球质量只有地球的1/81.3,进入环月轨道,与从环月轨道降落至月面一样,都只需要火箭提供约1800米/秒的机动速度,仅及地面上升段轨道需求的不到1/5,所以对火箭的要求不高,只要单级火箭就可以了。

自环月轨道返回地球的返回轨道,设计选择相对更为复杂。再入地球大气层返回地面的再入返回轨道,采用大气阻力减速制动,这与"神舟"飞船接近,这里就不一一介绍了。

探月飞行的运载火箭

我国的探月飞行任务,规划分为三步走,简单地说就是绕、落、回。第一步发射"嫦娥一号"探月卫星,进入通过月球两极上空的圆形环月轨道,轨道高度约200千米,在这个环月轨道上对月球进行约一年的长期观测。第二步发射月球探测飞行器,通过环月轨道,实现在月面上软着陆,着陆后对月面进行定点详细勘测;同时携带月球车,在月面软着陆后释放出来,让月球车在月面实施巡回勘测。第三步发射月球探测火箭,实现在月面软着陆,此后采集月面地质样本,再从月面起飞,返回地球,将所采集的月面地质样本带回地面。

第一步"绕"。"嫦娥一号"探月卫星发射质量2350千克,要求运载火箭将其送入一个超地球同步转移轨道。这个轨道的轨道倾角31°,近地点高度200千米,远地点高度51 000千米,近地点和远地点在赤道上空。"长征三号甲"运载火箭已经连续 14 次发射,成功地将 15 颗卫星送入类似轨道,完全有把握完成这个任务。

　　另外,"长征三号乙"运载火箭的运载能力是"长征三号甲"的 2 倍,"长征三号丙"运载火箭的运载能力是"长征三号甲"的 1.5 倍。如果发射更重的探月卫星,或要求将"嫦娥一号"探月卫星直接送入远地点高度在 400 000 千米以上的奔月轨道,可选择"长征三号乙"或"长征三号丙"运载火箭。根据计算分析,"长征三号甲"运载火箭,可将不超过 1600 千克的探月飞行器直接送入指定的奔月轨道;"长征三号乙"运载火箭,可将不超过 3600 千克的探月飞行器直接送入指定的奔月轨道;"长征三号丙"运载火箭,可将不超过 2600 千克的探月飞行器直接送入指定的奔月轨道。"嫦娥一号"探月卫星发射质量为 2350 千克,使用"长征三号丙"运载火箭发射其进入奔月轨道,是绝对没有问题的。

　　第二步"落"。如果探月飞行器发射质量不超过 3600 千克,"长征三号乙"运载火箭能够将其直接送入所要求的奔月轨道。目前"长征三号乙"运载火箭已经经过增强设计,已经发射尼日利亚卫星进入地球同步转移轨道,运载能力达到 5200 千克以上,挖潜后可以将 4000 千克的探月飞行器直接送入奔月轨道。只是火箭还没有能力保证其轨

图 9—10　国外的新型运载火箭

道近地点位置在南纬 28.5°到北纬 28.5°之间可任意调节,因此不能保证每日都有发射机会。

如果要求火箭有更大的运载能力,只能依靠我国将在 2012 年前后研制成功的新一代运载火箭了。根据初步分析,新一代运载火箭中运载能力最大的火箭,能够将发射质量为 10 吨的探月飞行器直接送入所要求的奔月轨道。图 9-10 是国外新型运载火箭风貌。

载人登月的设想

未来实现载人登月的方案,也在分析研究中,设想采用多次地基发射、近地轨道对接和环月轨道对接相结合的方案,实现载人登月。载人登月运载器分成大型运载火箭(运货)、载人运载火箭、轨道转移器、登月舱、过渡飞船五大模块。发射飞行程序如下:

(1) 登月舱(含着陆和起飞模块)和两级轨道转移器,按登月舱、轨道转移器二级、轨道转移器一级发射顺序,分三次由大型运载火箭发射至高约 200 千米的低地球轨道,由登月舱依次与轨道转移器二级、轨道转移器一级对接。对接完成后轨道转移器自低地球轨道择机点火,一级推进剂耗尽分离后,二级一次点火,将登月舱送入奔月轨道;到达近月点前,二级再次点火机动,将登月舱送入距月面高约 100 千米的环月轨道。

(2) 另外两级轨道转移器,基本与推进登月舱进入环月轨道的轨道转移器相同。先由大型运载火箭分两次发射进入高约 200 千米的低地球轨道,最后宇航员搭乘过渡飞船(含返回舱、生活工作舱和推进舱)由载人运载火箭发射至低地球轨道,依次与轨道转移器二级、轨道转移器一级对接。此后由轨道转移器经类似过程将宇航员和过渡飞船送入距月面高约 100 千米的环月轨道。

(3) 宇航员到达环月轨道后,操纵过渡飞船与在轨道上等待的登月舱对接,并由过渡飞船转移到登月舱上,对过渡飞船和登月舱组合体的轨道进行必要的调整。

(4) 登月舱与过渡飞船分离,过渡飞船在环月轨道上等待,宇航员乘登月舱登月,安置仪器,对月面进行考察。宇航员完成任务后,择机乘登月舱起飞模块从月面起飞,进入环月轨道。

(5) 起飞模块与在环月轨道上等待的过渡飞船对接,宇航员再转移到过渡飞船上。

(6) 过渡飞船与起飞模块分离,对轨道进行必要调整,此后择机点火加速,脱离环月轨道,进入返回地球轨道。

(7) 返回地球途中,过渡飞船修正返回轨道误差,最后宇航员转入过渡飞船返回舱,与生活工作舱和推进舱分离。

(8) 宇航员乘返回舱进入地球大气层,在严酷的气动热环境下减速后,打开降落伞,在指定区域着陆。

这种载人登月方案,可以利用将于2012年前后研制成功的新

图 9-11　新一代运载火箭飞行时序图

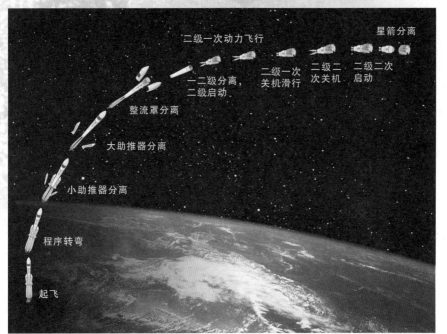

一代大型运载火箭(图9-11)。要完成一次载人登月任务,需要从地面发射6次大型运载火箭,在低地球轨道进行4次交会对接,在环月轨道进行2次交会对接。任何一次交会对接失败,都会导致飞行任务失败,所以要求熟练掌握交会对接技术,并有很高的可靠性,这是我们需要突破的技术关键。

对研制重型运载火箭实现载人登月的方案,也作了探索。它的前提是研制单台推力达4900千牛的大型火箭发动机,以及低地球轨道运载能力达到120吨的重型运载火箭。可采用与美国"阿波罗"计划类似的方案,不经低地球轨道对接,登月舱、过渡飞船和在近月点附近完成轨道机动的轨道转移器先在地面组装好,由重型运载火箭直接送入奔月轨道;到达近月点附近后,由轨道转移器点火进行轨道机动,将登月舱和过渡飞船一起送入环月轨道;此后的登月返回过程与前述载人登月返回过程的(4)~(8)相同。在整个飞行过程中,只需要登月舱起飞模块与过渡飞船在环月轨道上交会对接一次。

"嫦娥一号"奔向月球

"嫦娥一号"探月卫星,是以"东方红三号"卫星平台为基础设计、研制的,采用"东方红三号"卫星的基本结构和动力系统,包括部分控制系统。"东方红三号"卫星是地球同步轨道通信卫星,由"长征三号甲"运载火箭将其送入所要求的地球同步转移轨道,此后它在地面测控系统的控制下,经过多次轨道机动,进入地球同步轨道,并在赤道上空指定位置定点,可工作8年以上。以"东方红三号"卫星

表9-1 "嫦娥一号"探月卫星过渡轨道与地球同步转移轨道的参数

轨道参数	近地点高度	远地点高度	轨道倾角	近地点幅角
"嫦娥一号"过渡轨道	200千米	51 000 千米	31°	184.208°
地球同步转移轨道	200千米	41 991 千米	25°	179.60°

平台为基础设计、研制的"嫦娥一号"探月卫星与"东方红三号"卫星一样,也有很强的轨道机动和控制能力。根据计算分析,它加注的推进剂,在满足探月飞行器进入环月轨道并工作1年的需要后,还有多余,可以保证飞行器自地球同步转移轨道转向奔月轨道的需要。因此,"嫦娥一号"探月卫星要求运载火箭将其送入与地球同步转移轨道接近的过渡轨道,与"长征三号甲"运载火箭发射其他地球同步卫星进入的地球同步转移轨道对比,两种轨道的参数见表9-1。

由表9-1所列轨道数据可以看出,"嫦娥一号"探月卫星过渡轨道与地球同步转移轨道的参数十分接近。"长征三号甲"运载火箭和它发射"东方红三号"卫星的地面测控系统,都经过多次发射"东方红三号"及其改型卫星的考核,完全可以适应发射"嫦娥一号"探月卫星进入其所要求的过渡轨道的需要。

目前"长征三号甲"运载火箭发射"嫦娥一号"探月卫星的发射

图9-12 "长征三号甲"运载火箭发射"嫦娥一号"探月卫星飞行程序图

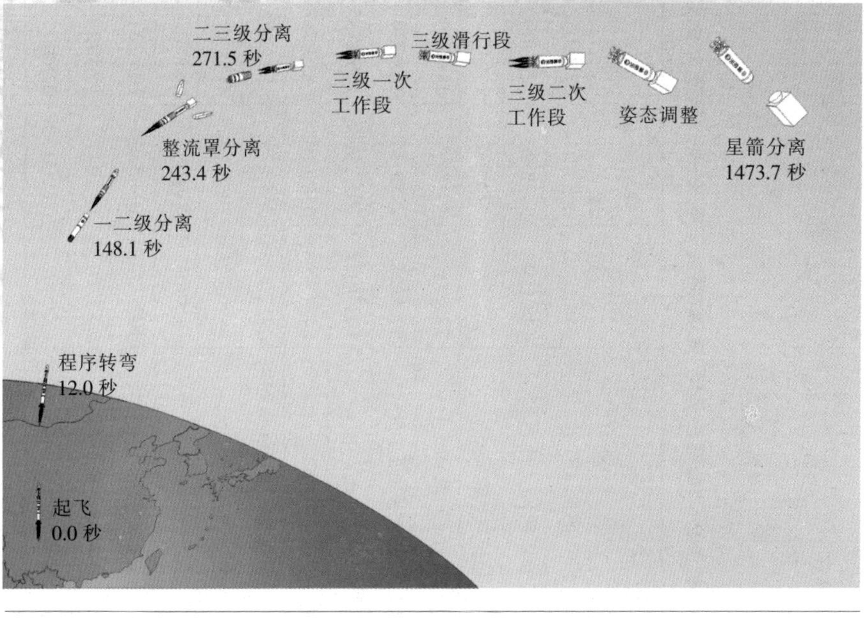

表9-2 "长征三号甲"发射"嫦娥一号"的发射轨道上主要特征点参数

特征点	一、二级分离	抛整流罩	二、三级分离	三级一次工作结束	滑行段结束	三级二次关机	精确控制速度结束	卫星与火箭分离
累计时间（秒）	148.1042	243.4042	271.5042	609.6692	1249.6692	1373.6668	1393.6668	1473.6668
分段时间（秒）	148.1042	95.3000	123.4000	338.1650	640.0000	123.9976	20.0000	80.0000
高度（千米）	57.989	126.482	146.093	200.601	194.417	207.962	216.294	278.397
航程（千米）	77.892	331.395	435.883	2227.738	6813.733	7840.905	8034.233	8800.027
地心纬度（度）	27.9121	27.3014	27.0339	21.2822	0.6457	-4.3301	-5.2531	-8.8653
经度（度）	102.7973	105.2760	106.2885	122.8077	159.4311	167.2211	168.6997	174.6092
到地心距离（千米）	6431.424	6500.105	6519.798	6575.977	6572.554	6585.979	6594.254	6656.026
相对地面速度（米/秒）	2212.6524	3555.7979	4083.4767	7385.0151	7400.3798	9995.7519	10 004.6071	9947.9581
绝对速度（米/秒）	2590.9263	3955.1733	4485.1757	7793.9203	7803.9509	10 404.1808	10 413.3444	10 358.8867
速度倾斜角（度）	18.5907	9.9105	8.8840	-0.0887	0.0199	1.8806	2.6758	5.8413
飞行方位角（度）	102.2877	104.5304	105.2332	113.1029	121.0235	120.7273	120.5963	119.8270
俯仰程序角（度）	20.7263	16.7041	15.1929	-12.9004	-65.6427	-76.2249	-76.2249	-187.2139
偏航程序角（度）	0.0000	0.0000	0.0000	0.2753	0.2753	0.2753	0.2753	-31.0350

轨道,已经完成设计,火箭飞行程序如图9-12所示,发射轨道上主要特征点火箭运动的参数见表9-2。

"嫦娥一号"探月卫星进入以上过渡轨道后,在第一次到达远地点前,为了改善卫星近地点附近轨道机动的测控条件,将进行姿态调整,并点燃轨道机动发动机加速,进行第一次轨道机动,将过渡轨道的近地点抬高至400千米左右,轨道运行周期调整至约12小时。以后,在12小时轨道上运行一圈半,由地面测控系统对相关轨道参数进行精确测量,第二次经过过渡轨道近地点前后,根据地面测控系统的测量结果,调整卫星姿态,点燃轨道机动发动机加速,进行第二次轨道机动,抬高轨道远地点,使卫星进入运行周期为24小时的第二过渡轨道;在24小时轨道上运行一圈,再由地面测控系统对相关轨道参数进行精确测量,第三次经过过渡轨道近地点前后,根据地面测控系统的测量结果,调整卫星姿态,点燃轨道机动发动机加速,进行第三次轨道机动,再抬高轨道远地点,使卫星进入运行周期为48小时的第三过渡轨道;再在48小时轨道上运行一圈,由地面测控系统对相关轨道参数进行精确测量,第四次经过过渡轨道近地点前后,根据地面测控系统的测量结果,调整卫星姿态,点燃轨道机动发动机加速,进行第四次轨道机动,抬高轨道远地点,使卫星进入远地点高度400 000千米左右的奔月轨道。其所以经过3次近地点加速才进入奔月轨道,是因为受到种种因素的限制,"嫦娥一号"探月卫星的轨道机动发动机推力比较小,只有490牛左右,而"嫦娥一号"探月卫星的质量在2300千克左右,如果在近地点一次加速进入奔月轨道,发动机工作时间很长,加速的效率比较低,轨道控制的精度也比较低。

"嫦娥一号"探月卫星在奔月轨道飞行需要约120小时。在此期间,为了消除轨道控制误差,需要在地面测控系统的支持下进行2~3次轨道修正,精确控制卫星飞行参数;在卫星到达奔月轨道近月点前,要再次利用地面测控系统,精确测量卫星相对于月面的运动参数,经过地面精确计算分析,确定卫星近月点轨道机动的推进方向、发动机点火和关机时间,此后向卫星发出相应控制指令,调整卫星姿态使之达到轨道机动要求;到达发动机点火时间后,控制点燃轨道机动发动机,最后按要求关闭轨道机动发动机,完成第一次轨道机动,使卫星进入围绕月球旋转的大椭圆轨道。此后,再以类似测控过程,完成第二次、第三次轨道机动,使卫星进入所要求的通过月球两极上空 200 千米高的圆形环月轨道。"嫦娥一号"探月卫星将在这个 200 千米高的圆形环月轨道上,进行长达 1 年的对月探测工作。期间,为保证完成预定探测任务,卫星动力系统将在卫星和地面测控系统的配合下完成一系列轨道保持、姿态保持和姿态机动。

"嫦娥一号"探月卫星进入环月轨道的上述飞行程序如图 9-13 所示。

"嫦娥一号"探月卫星的上述飞行轨道,是按火箭在 2007 年 10 月份指定时间发射设计的。"嫦娥一号"探月卫星需要在指定时间进

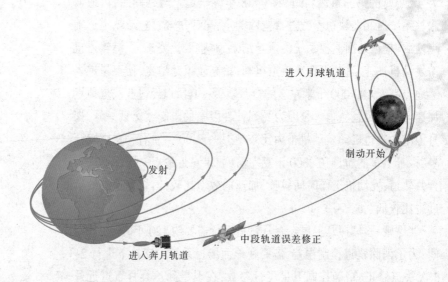

进入月球轨道

制动开始

发射

中段轨道误差修正

进入奔月轨道

图 9-13 "嫦娥一号"探月卫星进入环月轨道飞行程序示意图

入所要求的过渡轨道,此后经过上述飞行过程,到达近月点实现与月球交会。这个发射时间如果出现偏差,"嫦娥一号"探月卫星就必须调整其奔月轨道,否则将不能实现与月球交会,更谈不上通过减速制动进入所要求的环月轨道了。由于"嫦娥一号"探月卫星的轨道调整能力有限,因此火箭发射时间偏差不能超过 35 分钟,否则"嫦娥一号"探月卫星将不能调整至要求轨道,进而无法在预定时间和位置上实现与月球交会。

这里的奔月轨道设计中,"嫦娥一号"探月卫星与月球交会的日期,是根据卫星进入环月轨道实施对月面探测的要求以及"长征三号甲"运载火箭所受的限制确定的。

如前所述,由于"长征三号甲"运载火箭发射的过渡轨道,其远地点位置覆盖范围为南纬 10°到北纬 5°之间,而"嫦娥一号"探月卫星进入奔月轨道前的几次轨道机动, 也只能抬高轨道远地点高度,并没有过多能量来改变轨道的近地点位置。所以,"嫦娥一号"探月卫星只能在月球旋转至南纬 10°到北纬 5°范围内时与月球交会,这在一个月球运动周期内(27.3 天)只有 2 次,相隔约半个月球运动周期,每次不到 3 天。

此外,"嫦娥一号"探月卫星使用太阳能电池帆板供电,其太阳能帆板只能绕一个与卫星纵轴垂直的轴旋转,以朝向太阳。如果卫星进入环月轨道时, 太阳刚好在太阳能电池帆板的旋转轴方向,则它无论怎样旋转,都不能使太阳能电池帆板朝向太阳,这样卫星将无法获得必需的电源;而为了进行正常的探测工作,卫星的纵轴又必须指向卫星相对月面的运动方向,它也是不能随意转动的。所以为保证"嫦娥一号"探月卫星进入环月轨道后能很快进行对月面的探测工作,同时又获得足够的电能,只能要求在卫星进入环月轨道初期,太阳不能位于其太阳能电池帆板的旋转轴方向。为同时满足火箭和卫星对轨道的以上限制,"嫦娥一号"探月卫星一年内可与月球交会的日期也就只剩下几天了。

　　不过,选择以上通过3次近地点加速从过渡轨道进入奔月轨道的轨道机动方式,可以扩展火箭的发射窗口,使1个月内火箭可以连续多天有机会发射。

　　实际上,"嫦娥一号"探月卫星进入奔月轨道前,在第二过渡轨道上每多转1圈,就可推迟1天进入奔月轨道,也就晚1天到达月球轨道,此时月球已经在前一天越过交会点。为了保证"嫦娥一号"探月卫星准时与月球交会,火箭需要提前1天发射,这就多了1个发射机会。同样,"嫦娥一号"探月卫星进入奔月轨道前,在第三过渡轨道上每多转1圈,就可推迟2天进入奔月轨道,火箭就可提前2天发射。这样在与月球交会时间确定的条件下,通过调整在第二或第三过渡轨道上运行的圈数,就可根据需要调整火箭的发射日期了。

第十章 新一代运载火箭

为什么要开发新一代运载火箭

　　我国目前的"长征"系列火箭,是以20世纪70年代"东风五号"洲际导弹的技术为基础发展起来的。如今已历经30余年,虽然经过很多改进,技术已取得巨大进步,但是所使用的推进剂、大型液体火箭发动机,以及火箭的基本直径都没有变化。进入21世纪,它越来越不能适应我国航天事业发展的需要,越来越不能适应国内外航天商业发射市场的需求。近年来国际上已经开发出多种型号的运载火箭,比如欧洲空间局开发并广泛投入发射市场的"阿里安5号"运载火箭(图10-1),美国的"德尔塔号"系列、"宇宙神号"系列运载火箭,俄罗斯的"安加拉号"系列运载火箭,日本的"H2A号"运载火箭等,这些运载火箭可靠性高,运载能力大,发射成本也在逐步降低,已成为

图 10-1 欧洲空间局的"阿里安5号"新型运载火箭

图 10-2 国际空间站示意图

我国"长征"系列运载火箭强有力的竞争对手。

我国"长征"系列运载火箭,与这些新型运载火箭对比,运载能力低,可靠性不高,安全性差,任务周期长,所使用的偏二甲肼和四氧化二氮推进剂性能差、毒性大,生产使用都不方便,成本高又污染环境,如不赶快改进,将被挤出世界航天发射市场。同时,它也不能满足我国未来建立空间站(图 10-2),进行月球探测、火星探测和载人登月飞行等航天事业发展的需要。因此,我国需要及早规划、研制运载能力更大、技术更先进的新一代运载火箭,特别是大型运载火箭。

这个研制新一代大型运载火箭的要求,早在 1986 年就列入我国高技术研究发展计划——"863"计划纲要中。"863"计划对航天运载技术提出的发展纲要是:研究发展性能先进的大型运载火箭,提高我国航天发射商业服务能力,并为下世纪初建成长期性空间站奠定技术基础。2000 年 11 月,我国政府对外正式发布的《中国的航天》白皮书,也全面阐述了我国面向 21 世纪的航天发展战略和规划,指出今后 10 年或稍后的一个时期,中国运载火箭发展的目标是:"全面提高中国运载火箭的整体水平和能力；提高现有'长征'系列运载火箭的性能和可靠性；开发新一代无毒、无污染、高性能和低成本的运载火箭，建成新一代运载火箭型谱化系列，增强参与国际商业服务的能力。"

20年来，经过反复论证，提出了很多方案和发展途径，进行了大量对比分析，并对大型运载火箭的推进剂、发动机、火箭直径、级数和发射场等方面进行了很多探讨工作(图10-3)。到2002年4月，航天科技集团公司完成了我国新一代运载火箭的总体发展规划，形成了"一个系列、两种发动机、三个模块"的总体发展思路。该发展思路通过了国防科工委组织的专家评审，并取得了各级领导和专家的共识。

"三个模块"是指使用液氢和液氧推进剂的5米直径模块、使用液氧和煤油推进剂的3.35米直径模块和2.25米直径模块；"两种发动机"，即新研制的50吨氢、氧发动机和120吨液氧、煤油发动机；在三个模块基础上，第一步先组合制造出芯级5米直径的大型运载火箭，再根据需要进一步组合制造出3.35米直径的中型运载火箭和小型运载火箭，从而形成低地球轨道运载能力覆盖1.5~25吨，地

图10-3　新一代运载火箭方案讨论

球同步转移轨道运载能力覆盖 1.5~14 吨的新一代运载火箭系列。图 10-4 是 5 米直径的大型运载火箭模块组合示意图。

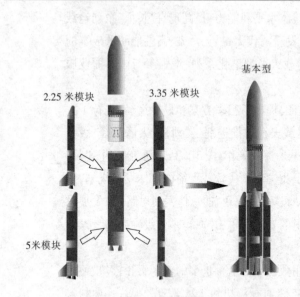

2.25 米模块　3.35 米模块　基本型

5 米模块

图 10-4　5 米直径大型运载火箭模块组合示意图

展的高压补燃发动机,不但换用了无毒、无污染的液氧和煤油推进剂,地面比冲也比原"长征"系列火箭一级使用的发动机提高了 15%

两种发动机

120 吨液氧煤油发动机(图 10-5)构成了我国新一代运载火箭系列的基本动力,它是我国利用引进先进的火箭发动机技术,新发

以上。它的燃烧室压力高,推力大,有利于减少火箭发动机的台数,提高动力系统的可靠性。

液氧和煤油推进剂具有无污染、高密度的特点,资源丰富,价格便宜,又方便生产,是运载火箭理想的推进剂。

120 吨液氧煤油发动机的主要设计参数见表 10-1。

表 10-1　120 吨液氧煤油发动机主要参数

推进剂	液氧煤油
地面推力(千牛)	1199.19
地面比冲(米/秒)	2942.0
真空推力(千牛)	1339.48
真空比冲(米/秒)	3286.2
氧化剂消耗量(千克/秒)	296.39
燃烧剂消耗量(千克/秒)	113.31
推进剂总流量(千克/秒)	409.70
两种推进剂混合比	2.6
推力室喷口面积(米²)	1.406

氢氧发动机具有无污染、高性能的特点,作为芯级发动机已被美国、欧洲、日本等的大型运载火箭普遍采用。使用50吨氢氧发动机不仅有效减小了新一代运载火箭的规模,使得新一代运载火箭的综合性能达到国际水平,而且从航天运载器的发展趋势看,由于50吨氢氧发动机技术的突破和应用,它在未来可重复使用运载器的研制过程中也将扮演重要角色。50吨氢氧发动机的主要设计参数见表10-2。

新一代运载火箭采用的上述两种发动机的外观如图10-6所示。

图10-5 120吨液氧煤油发动机全系统试车

表10-2 50吨氢氧发动机主要参数

推进剂	液氢液氧
地面推力(千牛)	509.60
地面比冲(米/秒)	3040
真空推力(千牛)	699.52
真空比冲(米/秒)	4177.6
液氢消耗量(千克/秒)	25.8
液氧消耗量(千克/秒)	141.8
两种推进剂混合比	5.5
两种推进剂总消耗量(千克/秒)	167.6
推力室出口直径(米)	1.446

三个模块

新一代运载火箭系列由新研制的5米直径模块,3.35米直径模块和2.25米直径模块以及其他模块组成。通过模块组合,可形成不同的构型,以满足不同的任务需求(图10-7)。模块化的组合设计,可克服目前我国运载火箭研制中存在的"型号多、功能单一、研制重

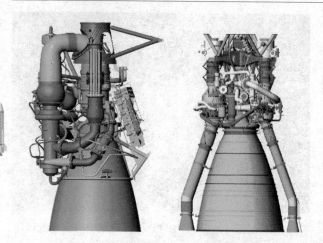

图 10-6 新一代运载火箭采用的两种发动机：（左）120 吨液氧煤油发动机和（右）50 吨氢氧发动机

复"的缺点，有利于实现通用化、系列化、组合化的"三化"要求。

• 5 米直径模块。5 米直径模块采用全新的大直径技术，使用液氢和液氧推进剂，安装两台 50 吨氢氧发动机，再加上与发动机配套的增压输送系统和伺服机构等，是新一代运载火箭的核心模块。

5 米直径模块的主要总体参数见表 10-3。

• 3.35 米直径模块。3.35 米直径模块继承现有的 3.35 米直径技术，使用液氧和煤油推进剂，安装 2 台 120 吨液氧煤油发动机，再

图 10-7 新一代运载火箭基本模块示意图

加上与发动机配套的增压输送系统和伺服机构等。3.35 米直径模块既可作为 5 米直径大型运载火箭的助推器，也可作为 3.35 米直径中型运载火箭的芯级。

　　3.35 米直径模块的主要总体参数见表 10-4。

　　● 2.25 米直径模块。2.25 米直径模块继承现有的 2.25 米直径技术，使用液氧和煤油推进剂，安装一台 120 吨液氧煤油发动机，再加上与发动机配套的增压输送系统和伺服机构等。2.25 米直径模块既可作为 5 米直径大型运载火箭的助推器，也可作为 3.35 米直径中型运载火箭的助推器。

　　2.25 米直径模块的主要总体参数见表 10-5。

表 10-3　5 米直径模块的主要总体参数

直径	5.0 米
推进剂	液氢液氧
总长度	31.0225 米
液氧加注量	133.3 吨/117.28 米³
液氢加注量	24.7 吨/350.69 米³
推进剂加注总量	158.0 吨
结构质量	17.8 吨
加注后总质量	175.8 吨
发动机工作时间	465.4 秒
发动机	两台 50 吨氢氧发动机

表 10-4　3.35 米直径模块的主要总体参数

直径	3.35 米
推进剂	液氧煤油
总长度	26.2757 米
液氧加注量	97.5 吨/85.78 米³
煤油加注量	37.5 吨/44.83 米³
推进剂加注总量	135.0 吨
结构质量	12.0 吨
加注后总质量	147.0 吨
发动机工作时间	159.9 秒
发动机	两台液氧煤油发动机

一个系列

　　采用模块化组合思想，利用上述 3 个新研制的基本模块，再加上在"长征三号甲"系列火箭三级基础上改进设计的氢氧二子级模块，可以构成芯级使用 5 米直径模块的大型运载火箭系列构型，其低地球轨道运载能力覆盖 10~25 吨，地球同步转移轨道运载能力覆

盖 6~14 吨。5 米直径模块大型运载火箭系列构型有 6 个,具体列出如下:

● 构型 A　5 米模块芯一级加 2 个 3.35 米模块和 2 个 2.25 米模块助推器;

● 构型 B　5 米模块芯一级加 4 个 3.35 米模块助推器;

● 构型 C　5 米模块芯一级加 4 个 2.25 米模块助推器;

● 构型 D　5 米模块芯一级加 2 个 3.35 米模块和 2 个 2.25 米模块助推器加氢氧二子级;

● 构型 E　5 米模块芯一级加 4 个 3.35 米模块助推器加氢氧二子级;

● 构型 F　5 米模块芯一级加 4 个 2.25 米模块助推器加氢氧二子级。

氢/氧二子级主要总体参数见表 10-6。

5 米直径模块大型运载火箭系列的 6 个构型见图 10-8,该系列火箭的主要总体参数见表 10-7。

作为新一代运载火箭发展的重点,5 米直径大型

表 10-5　2.25 米直径模块的主要总体参数

直径	2.25 米
推进剂	液氧煤油
总长度	25.0438 米
液氧加注量	45.5 吨/40.03 米³
煤油加注量	17.5 吨/20.92 米³
推进剂加注总量	63.0 吨
结构质量	6.0 吨
加注后总质量	69.0 吨
发动机工作时间	148.9 秒
发动机	一台液氧煤油发动机

表 10-6　氢氧二子级主要总体参数

直径	5.0 米/3.35 米
推进剂	液氢液氧
总长度	9.82 米
液氧加注量	19.1 吨/16.54 米³
液氢加注量	3.8 吨/53.95 米³
推进剂加注总量	22.9 吨
结构质量	4.8 吨
加注后总质量	27.7 吨
发动机工作时间	590秒
发动机	两台 8 吨氢氧发动机

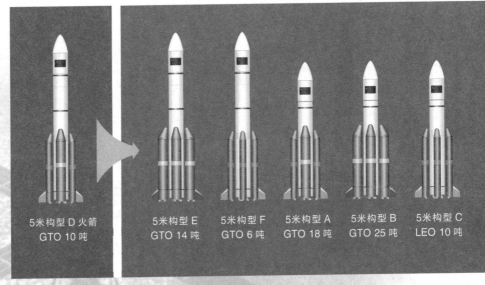

5米构型 D 火箭
GTO 10 吨

5米构型 E
GTO 14 吨

5米构型 F
GTO 6 吨

5米构型 A
GTO 18 吨

5米构型 B
GTO 25 吨

5米构型 C
LEO 10 吨

图 10-8 5米直径模块大型运载火箭系列构型示意图

表 10-7 5米直径模块大型运载火箭的主要总体参数

构型	A	B	C	D	E	F
箭体长度(米)	49.906	52.406	44.906	59.456	61.956	54.456
整流罩长度(米)	18	20.5	13	18	20.5	13
长细比	9.981	10.481	8.981	11.891	12.391	10.891
发动机台数	8	10	6	10	12	8
起飞质量(吨)	622.5	784.5	458.5	643.0	802.0	483
起飞推力(千牛)	8087.0	10 454.6	5717.3	8087.0	10 454.6	5717.3
运载能力(吨) (进入轨道)	18 (LEO)	25 (LEO)	10 (LEO)	10 (GTO)	14 (GTO)	6 (GTO)

注:LEO 为低地球轨道,GTO 为地球同步转移轨道

运载火箭研制成功后将解决新一代运载火箭的关键技术,在 3.35 米模块和 2.25 米模块的基础上还可以组合出 3.35 米直径中型运载火箭和小型运载火箭,用以替代现有的火箭。图 10-9 是新一代运载

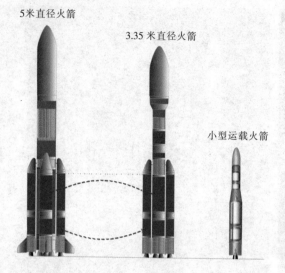

5米直径火箭

3.35米直径火箭

小型运载火箭

图 10-9 新一代运载火箭系列组合示意图

火箭系列组合示意。

根据对有效载荷未来发展的初步分析以及火箭市场化的要求，初步拟定开展研制的新一代火箭构型如下：

● 基本型 芯级直径 5 米的两级半构型：芯一级采用 5 米直径模块；助推器采用两个 2.25 米直径模块和两个 3.35 米直径模块；芯二级采用改进的"长征三号甲"三子级氢氧发动机(代号 YF-5D)作为主动力，两次启动，另外采用无毒、无污染辅助动力系统；整流罩直径 5.2 米。地球同步转移轨道运载能力 10 吨。基本型研制成功后，5 米直径芯级构型的几种火箭均可投入使用，可大幅度提高我国运载火箭的运载能力和技术水平。

● 衍生型 1 芯级直径 3.35 米的三级半构型：芯一级采用 3.35 米直径模块；助推器采用 2 个或 4 个 2.25 米直径模块；芯二级采用 4 台 15 吨级液氧煤油发动机；芯三级采用基本型的二子级。地球同步转移轨道运载能力 3 吨到 6 吨。

● 衍生型 2 芯级直径 3.35 米的两级半构型：芯一级采用 3.35 米直径模块；助推器采用 2 个或 4 个 2.25 米直径模块；芯二级采用 4 台 15 吨级液氧煤油发动机。低地球轨道运载能力 8.2~14 吨。

● 衍生型 3 直径 3.35 米的两级构型：一级采用 3.35 米直径模

块;二级采用2台15吨级液氧煤油发动机。低地球轨道运载能力约
4.3吨。

　　●衍生型4　小型运载火箭,三级构型:一级3.35米直径,安装
一台120吨液氧煤油发动机;二级2.25米直径,安装1台15吨级液
氧煤油发动机;三级采用小变轨级,安装4台每台推力约980牛的
双组元发动机。700千米高太阳同步轨道运载能力约1吨。

　　5米直径大型运载火箭基本型总体布局见图10-10。

　　以上初步拟定开展研制的火箭构型见图10-11。

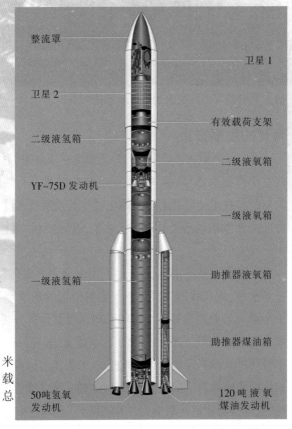

图 10-10　5米
直径大型运载
火箭基本型总
体布局图

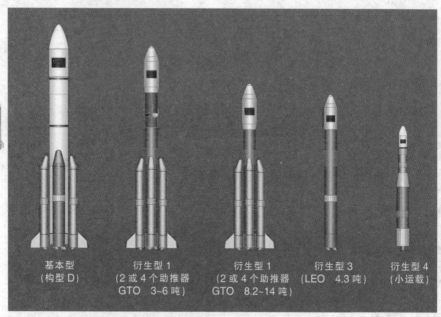

| 基本型 (构型D) | 衍生型1 (2或4个助推器 GTO 3~6吨) | 衍生型1 (2或4个助推器 GTO 8.2~14吨) | 衍生型3 (LEO 4.3吨) | 衍生型4 (小运载) |

图 10-11 初步拟定开展研制的火箭构型示意图

灿烂的发展前景

　　新一代运载火箭(图 10-12)需要突破 120 吨级高压补燃液氧煤油发动机技术,50 吨级氢氧发动机技术,5 米直径箭体结构设计、试验与制造技术,电气系统一体化设计及冗余技术等 8 项关键技术。目前两种发动机已通过全系统试车,进展顺利,其他关键技术也在积极攻关中。

　　新一代运载火箭的研制成功,不但会大大提高我国运载火箭的技术水平,提高我国在世界航天发射市场的竞争地位,也将为我国未来航天事业的发展打下牢固基础。根据计算分析,5 米直径大运载火箭基本构型 A,低地球轨道运载能力 18 吨,可以发射空间站基本模块进入所要求的低地球轨道。5 米直径大运载火箭最大构型 E,地球同步转移轨道运载能力可达 14 吨,奔月轨道运载能力可达 10 吨,火星探测轨道运载能力在 6 吨以上。利用这个运载火箭,不但可

图 10-12　新一代运载火箭自海南发射场发射示意图

以发射月球探测器,实现在月面软着陆,进行月面定点探测和巡回探测,以及进一步实现从月面采样返回,还可以发射火星探测器探测火星。最后,如果我们掌握了空间交会对接和火箭空间组装的技术,还可以采用多次地基发射、近地轨道对接和环月轨道对接相结合的方案,实现载人登月。这是我国航天事业多么美好的发展前景啊!让我们开始新的"长征"吧(图 10-13)!

图 10-13　新一代航天人开始新的长征

图书在版编目(CIP)数据

神箭凌霄：长征系列火箭的发展历程/陈闽慷，茹家欣
著.—上海：上海科技教育出版社，2007.10(2023.8重印)
(嫦娥书系；3/欧阳自远主编)
ISBN 978-7-5428-4113-1

Ⅰ.神... Ⅱ.①陈... ②茹... Ⅲ.运载火箭—发展—概
况—中国—普及读物 Ⅳ.V475.1-49

中国版本图书馆CIP数据核字(2007)第132508号

嫦娥书系
欧阳自远 主编

神箭凌霄 长征系列火箭的发展历程
陈闽慷 茹家欣 著

丛书策划 卞毓麟
责任编辑 卞毓麟
装帧设计 汤世梁

出版发行 上海科技教育出版社有限公司
(上海市闵行区号景路159弄A座8楼 邮政编码201101)

网 址	www.sste.com www.ewen.cc	
经 销	各地新华书店	
印 刷	天津旭丰源印刷有限公司	
开 本	890×1240 1/32	
字 数	157 000	
印 张	6.25	
版 次	2007年10月第1版	
印 次	2023年8月第3次印刷	
书 号	ISBN 978-7-5428-4113-1/P·14	
定 价	39.80元	